リスクアセスメントを取り込んだ作業手順書

建設労務安全研究所 編

労働新聞社

は じ め に

　建設業における労働災害の発生件数は長期的には減少傾向にあるものの、全産業に占める割合は依然として高い状況にあります。災害の発生原因を調査すると、作業手順書が作成されてない、作業手順書が現場の状況と合っていないなどで、不適切な手順で作業を行い災害が発生した事例が多くあります。

　労働安全衛生規則（第35条）では、事業者は、労働者を雇い入れ、又は労働者の作業内容を変更したときは、当該労働者に対し、遅滞なく、当該労働者が従事する業務に関する安全又は衛生のため必要な作業手順等の教育が、義務付けられています。平成18年4月1日に施行された労働安全衛生法では、作業手順を新規に定めたり変更するときに、いわゆるリスクアセスメントを実施することが事業者の努力義務とされました。

　作業手順とは、不安全な状態や不安全な行動を減らすため、正しい作業の進め方を示すものです。これまでの、工種を単位作業に分解し、単位作業を作業区分、主なステップ、作業の急所の項目で作成されていた作業手順書に、危険性又は有害性の洗い出しおよび見積り評価、危険性又は有害性の除去・低減措置、及びその実施者を加えたリスクアセスメントを取り込んだ作業手順書を作成し、作業員に周知したうえで作業に取り掛かることが労働災害防止に繋がります。

　本書が、作業手順書を作成される方に活用されることにより、労働災害の撲滅の一助となることを願うものです。

平成30年7月

建設労務安全研究会　　理事長　　本多　敦郎
同　　教育委員会　　委員長　　鳴重　裕
副委員長　遠藤　孝治

－ 目 次 －

第1章　リスクアセスメントを取り込んだ作業手順書の作成……………………5

1. リスクアセスメントを取り込んだ作業手順書作成の目的………………………… 6
2. 作業手順書の重要性…………………………………………………………………… 7
3. 作業手順書の内容が不適切なために発生した災害は多い………………………… 8
4. リスクアセスメントを取り込んだ作業手順書を作成するときに留意し、参考とすべきもの… 9
5. リスクアセスメントを取り込んだ作業手順の効果………………………………… 13
6. リスクアセスメントとＫＹ（危険予知）活動との違い…………………………… 14
7. リスクアセスメントを取り込んだ作業手順書はどのように作成するのか……… 15
8. リスクアセスメントを取り込んだ作業手順書が作成できたら…………………… 17
9. リスクアセスメントを取り込んだ作業手順書活用中に留意すべきこと………… 18
10. まとめ ………………………………………………………………………………… 18

第2章　リスクアセスメントを取り込んだ作業手順書作成事例…………… 19

1. 長尺運搬（1人で運搬）作業手順書………………………………………………… 20
2. 長尺運搬（2人で運搬）作業手順書………………………………………………… 24
3. 足場上で滑車を使用しての資材の荷揚げ作業手順書……………………………… 28
4. 変形資材の運搬作業手順書…………………………………………………………… 32
5. 機械運搬作業（フォークリフト運転・運搬操作）作業手順書…………………… 36
6. 大ばらしした足場を小ばらしする作業手順書……………………………………… 40
7. 外壁材の荷降ろし作業手順書………………………………………………………… 46
8. 鋼管束の荷降ろし作業手順書………………………………………………………… 52
9. 搬入トラックからの荷降ろし作業手順書…………………………………………… 56
10. ＡＬＣ版の荷降ろし・荷揚げ作業手順書………………………………………… 60
11. ＬＧＳ材の荷降ろし・荷揚げ作業手順書 ………………………………………… 64
12. 玉掛け作業（玉掛け用ワイヤロープのみ使用）の作業手順書 ………………… 68
13. 玉掛け作業（玉掛け用ワイヤ＋クランプ）の作業手順書 ……………………… 74
14. 玉掛け作業（玉掛け用ワイヤ＋シャックル）の作業手順書 …………………… 80
15. 脚立単独作業作業手順書 …………………………………………………………… 86
16. 脚立足場作業作業手順書 …………………………………………………………… 90
17. 可搬式作業台作業作業手順書 ……………………………………………………… 94
18. 垂直昇降式高所作業車作業作業手順書 ………………………………………… 100
19. ブーム式高所作業車作業作業手順書 …………………………………………… 104
20. アーク溶接作業作業手順書 ……………………………………………………… 108

第1章

リスクアセスメントを取り込んだ
作業手順書の作成

1．リスクアセスメントを取り込んだ作業手順書作成の目的

　最近、『リスクアセスメント』という言葉を耳にすることが多くなってきました。しかし『リスクアセスメント』という言葉だけが、どんどん独り歩きしていて、「ほんとは、何をどうすればいいのか」という方も多いのではないでしょうか。

　リスクアセスメントとは、「危険性又は有害性の特定」、「リスクの見積り」、「リスク低減の優先度、低減措置の決定」までの一連のプロセスをいい、この手順に基づく措置の実施に取り組むことが企業の努力義務とされており、厚生労働省から指針が出されています。

　リスクアセスメントの目的は、「作業におけるリスクの除去・低減を図ること」です。リスクの除去・低減のためには、安全管理組織の充実や安全教育の推進なども、もちろん欠かせませんが、いま最も必要とされているのは作業手順書を最適の内容で、適時に作成し活用することです。リスクアセスメントは、工事現場で「取り入れられ」、「活用されて」初めて効果が期待できるものです。作業手順書は作業を進める上で欠かせない重要なものですが、これまでは少し軽視されていたように思われます。作業手順書にリスクアセスメントの考え方『危険性又は有害性の特定、見積り、評価、対策の立案』を取り込むことにより、作業手順書を充実させ、災害防止のため活用することが求められています。

　これから作業手順書を作成する方はもちろんのこと、今すでに作成している方、より良い作業手順書にしていこうと考えておられる方は、ぜひこの冊子をご活用いただきたいと存じます。

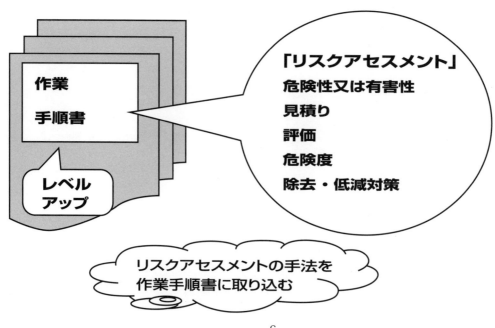

2．作業手順書の重要性

　工事現場の作業は、作業手順書を作成してから、作業員に周知したうえで取りかかりますが、作業手順書といっても名ばかりのもので、実効が期待できるような「危険性又は有害性に対する除去・低減対策」は盛り込まれていないものが見受けられました。

　作業手順書とは、毎日の作業の中で発生する「ムダ・ムラ・ムリ」を取り除き、請け負った仕事を『安全に、良く、能率的に』行うために作成するもので、その最適の順序と急所を示したものです。

　言いかえれば、作業手順書とは、作業員に作業の順序と作業のステップごとの急所を習得させて作業することにより、安全、品質、施工能率を良くしようというものです。

3．作業手順書の内容が不適切なために発生した災害は多い

　災害の原因を分析すると、「作業手順書が不適切であった」というのもが多く見受けられます。

　たとえば、次のような災害が発生しています。

～～～～～～～～～～～～～～～～～～～～～～～～～～～～～～～～～～～～～～

　職長のＡさんは、いつもは資材を運搬台車で運搬しているので、運搬台車で運搬することにして作業手順書を作成したところ、仕事にかかろうとした工事現場では、運搬距離が長いこともあって、フォークリフトを使用することとされました。

　職長のＡさんは、作業手順書を見直すこともしないで、以前にフォークリフトを運転したことのある作業員にフォークリフトでの運搬を指示しました。作業員はフォークリフトの運転資格は持っていましたが、何しろ久しぶりの運転でした。作業員は、資材を前方がよく見えないほど積み込んで運搬中、ほかの会社の作業員に衝突してしまいました。

～～～～～～～～～～～～～～～～～～～～～～～～～～～～～～～～～～～～～～

　この職長は、運搬方法がいつもと違ったのですから、これまでの作業手順書を見直して、この工事現場での危険性又は有害性を見積もり直し、その対策を決めて、作業員に周知した上で作業に取りかかるべきでした。

　実際に作業をする工事現場の実状に合った作業手順書を作成することと、それを周知することの重要性がお分かりいただけたと思います。

4．リスクアセスメントを取り込んだ作業手順書を作成するときに留意し、参考とすべきもの

4－1 「危険性又は有害性」を特定するときに考えるべきもの

① 災害事例

災害事例は実際に災害が発生したという事実の裏づけがありますので、考える対象としては説得力もあり、大変有効なものです。

最近は、災害件数が減少してきていますので、自社の災害事例といってもその例は少ないと思います。しかし、たとえ他社の災害事例であっても、いつ同じような災害が自社の工事現場で発生するか分からないので、自社の災害事例にこだわることはありません。災害事例については、元請や業界団体で保有しているものを活用するのが良いでしょう。

② ヒヤリ・ハット

作業員から出されたヒヤリ・ハットは、いつ災害につながるか分からないものです。できるだけ多くのヒヤリ・ハットを集めて「危険性又は有害性」として取り上げることが大切です。

③ ＫＹ活動で出された危険性又は有害性

毎日行うＫＹ活動では、作業員からその日の作業についての危険性又は有害性が出されます。これらの危険性又は有害性を取りまとめて、作業手順書の危険性又は有害性の項目に盛り込むことが大切です。

④ 元請から指摘された事項

元請からどのような作業で危険性又は有害性が指摘されたかを確認しましょう。

⑤ 施工に伴って発生する事項

過去の同種作業ではどのような危険性又は有害性が発生したか、設備上の問題点は無かったかを確認しましょう。

4-2 作業手順書の項目のうち、留意・考慮すべきもの

作業手順書の項目のうち、「作業の急所」、「危険性又は有害性」、「可能性・重大性・評価・優先度」、「除去・低減対策」、「実施者」を検討するときに考慮すべきものは次のとおりです。

作業手順書の項目

- 作業の急所
- 危険性又は有害性
- 可能性・重大性・評価・優先度
- 除去・低減対策
- 実施者

① 点検結果やこれまでに作成した作業手順書など
 a．機械器具の点検結果
 b．安全パトロールの実施結果
 c．災害事例の再発防止対策
 d．災害防止協議会、工程打合せなどで出された危険性又は有害性
 e．これまでに自社で作成された作業手順書など

② 元請からの指導・指示事項
 a．工事現場の施工と安全衛生の基本方針
 b．施工環境、就労条件（休業日、作業可能時間）
 c．工程、施工方法、機械・設備面の使用条件
 d．地形・地質などの調査内容

③ 法令
労働安全衛生法をはじめとする各種法令

① 点検結果やこれまでに作成した作業手順書など

　a．機械器具の点検結果
　　　機械器具の点検結果表で、不具合が見られるものについては、その原因を調べて、整備・改善し本質安全化を図るとともに、実作業でも不具合が出ないような手段を講じることが大切です。

　b．安全パトロールの実施結果
　　　元請が実施する安全パトロールはもちろんのこと、自社が行う店社パトロールで指摘を受けた事項についての対策を盛り込むことが必要です。

　c．災害事例の再発防止対策
　　　再発防止対策として工事現場へ水平展開された項目は、必ず守らなければなりませんので、対策を作業手順書に盛り込むことが必要です。

　d．災害防止協議会、工程打合会などで出された危険性又は有害性
　　　災害防止協議会などで出された危険性又は有害性については、自社に関するものはもちろんのこと、他社に関するものでも関連する事項については、見積り、評価して、その対策を作業手順書に盛り込むことが必要です。

　e．これまでに自社で作成された作業手順書など
　　　とくに自社の作業手順書は大いに参考として下さい。

② 元請からの指導・指示事項

　a．工事現場の施工と安全衛生の基本方針

　　　工事現場では、それぞれ独自に施工と安全衛生についての方針を持っています。

　　　工事現場では、それぞれ独自のＱＣＤＳＥに関する方針を持っています（Ｑ：品質　Ｃ：原価　Ｄ：工程　Ｓ：安全　Ｅ：環境）。

　　　建築工事現場では、墜落災害防止対策を中心とする方針、土木工事現場では、建設機械災害防止対策を中心とする方針になることが多く見受けられます。要は、工事現場の施工と安全衛生方針に沿った内容で作業手順書を作成することが大切です。

　b．施工環境、就労条件（休業日、作業可能時間帯）

　　　施工環境と就労条件は作業手順に大きな影響を与えます。

　　　例えば、病院の増築工事では騒音、振動、粉じんなどを発生させないよう細心の注意が要求されますし、就業時間も大きな制約を受けます。

　　　工事現場の施工環境や就労条件をよく確かめ、その環境、条件に沿った作業手順書を作成することが大切です。

　c．工程、施工方法、機械・設備面の使用条件

　　　元請の工程、施工方法は、事前に確かな情報を得ておくことや、元請貸与の機械や足場についても、その機種や使用可能時期などについて綿密に打ち合わせておくことが大事であり、それらの内容を作業手順書に反映することが大切です。

　d．地形・地質などの調査内容

　　　地形・地質などの調査情報は工事施工に直接関係する重要なものです。これらの情報を十分反映した作業手順書にすることが大切です。

5．リスクアセスメントを取り込んだ作業手順の効果

リスクアセスメントを取り込んだ作業手順を実施することで、次の効果が期待できます。

① 作業に潜む危険性又は有害性を確実に洗い出せる。

② 作業の危険性又は有害性を見積り評価することで、どれが最も優先して取り組むべき危険性又は有害性であるかが分かる。

③ 危険性又は有害性の除去・低減対策について、計画⇒設備・機械の対策⇒人的対策⇒保護具の順序で対応を検討することで、本質安全化の推進が期待できる。

④ 作業員に作業方法と作業で発生する危険性又は有害性とその対策を確実に教えることができる。

⑤ 作業の適切な指示・指導ができる。

⑥ 作業員の適正配置がやりやすくなる。

⑦ 作業のムダ、ムラ、ムリをなくせる。

6．リスクアセスメントとKY（危険予知）活動との違い

　KY活動は予知という言葉からリスクアセスメントと混同されがちです。KY活動の内容は作業を開始する前に、その日の作業内容・現場の状況を把握し、ヒューマンエラーの防止はもちろん、不安全行動・状態に対しての対策を立てるものです。つまり、KY活動は立てた対策を実践するための活動であり、作業開始直前に行います。

　一方、リスクアセスメントは工法・機械・設備や作業管理、すなわちハード、ソフト両面から危険性又は有害性の調査を行い、その中に潜在する労働災害、事故の発生原因を洗い出し、その内容を評価し、危険性又は有害性を除去・低減させる措置を事前に導くことが目的となっています。したがって、リスクアセスメントは工事の計画が変更可能な計画作成段階で行うこととなります。

　このように、KY活動が日常の安全衛生管理活動として行われているのに対して、リスクアセスメントは、作業計画や作業手順を作成するとき、あるいは類似の労働災害の再発防止対策を立てるときなどに重要な役割を果たすものです。よってその実施時期やリスク低減措置を検討するという考え方に大きな違いがあります。

7. リスクアセスメントを取り込んだ作業手順書はどのように作成するのか

　作業手順書は、下の表に示すとおり「作業区分」、「手順（主なステップ）」、「危険性又は有害性」、「作業の急所」、「見積り・評価」、「除去・低減対策」、「実施者」の項目で作成されます。

《作業手順書の作成のポイント》

手順（主なステップ）	準備作業・本作業の順序に区分します。 例えば高所作業の場合、 作業場所に移動 ⇒ 作業床を上昇させる ⇒ 作業 ⇒ 作業床を格納する となります。

作業の急所	作業をする上で必ず守るべき項目を記入します。

ここから、リスクアセスメントの実施

危険性又は有害性	危険性又は有害性を引き出すことが容易なものとして、次の3つがあります。 ・災害事例 ・ヒヤリ・ハット ・KY活動で出された危険性又は有害性

優先度の判定	優先度の判定基準に基づいて危険度を決める。 （次ページ「危険性又は有害性等の見積り、評価等の方法」参照）

除去・低減対策	リスクの程度に応じた内容の対策を検討する。 リスク程度の高いものについては、計画時における防止対策や機械設備による本質的防止対策を考える。

実施者	職長、安全衛生責任者、作業主任者、作業責任者、作業員など、誰が実施するのかを決める。

《危険性又は有害性等の見積り、評価等の方法》

①．「可能性」の見積りの基準（多いか少ないかを見積る）

災害発生の可能性（頻度）	可能性の判断基準	記号
ほとんど起きない	5年に1回程度発生する	1
たまに起きる	1年に1回程度発生する	2
かなり起きる	6カ月に1回程度発生する	3

②．「重大性」の見積りの基準（けがの程度を見積る）

受傷程度の重大性	重大性の判断基準	記号
軽微	休業3日以内の災害（不休災害）	1
重大	休業4日以上の休業災害	2
極めて重大	死亡及び障害を伴う災害	3

③．基準に基づいた危険性又は有害性等の評価（評価点数は「可能性」の点数と「重大性」の点数を足して算出する）

可能性 ＼ 重大性	1．軽微（不休災害）	2．重大（休業災害）	3．極めて重大（死亡・障害）
1．ほとんど起きない（5年に1回程度）	2（問題は少ない）	3（多少問題がある）	4（かなり問題がある）
2．たまに起きる（1年に1回程度）	3（多少問題がある）	4（かなり問題がある）	5（重大な問題がある）
3．かなり起きる（6カ月に1回程度）	4（かなり問題がある）	5（重大な問題がある）	6（直ちに解決すべき問題がある）

④．優先度の判定基準

リスクの見積り	評価	優先度（リスクレベル）	判定
6	直ちに解決すべき問題がある	⑤	直ちに対策が必要
5	重大な問題がある	④	抜本的な対策が必要
4	かなり問題がある	③	何らかの対策が必要
3	多少問題がある	②	現時点では必要なし
2	問題は少ない	①	対策の必要なし

8．リスクアセスメントを取り込んだ作業手順書が作成できたら

① もう一度元請の工事計画と付き合わせる

作業手順書は、元請に提出する前に、元請の工事計画との整合性がとれているかもう一度確認することが大切です。元請が足場や揚重計画を見直していることがありますので、注意が必要です。元請の工事計画が変更されていれば、作成した作業手順書も見直しが必要です。工事現場の実状に合った作業手順書でないと使い物になりません。

② 作業員に周知する

作業手順書は、作業員に教え、そして守らせなければ意味をなしません。

作業の進展に応じて、作業手順書の重要な部分を作業員に周知しておかなければなりません。

周知の時期としては、「作業開始前」又は「送り出し教育」で行うのが良いでしょう。

また、作業員に周知するときは、

「どんな危険性又は有害性があるか（特定）」

「どの危険性又は有害性がもっとも危ないのか」

「そのために、どうしなければいけないのか（対策）」

という順序で説明すると、理解を得られやすいものです。

9. リスクアセスメントを取り込んだ作業手順書活用中に留意すべきこと

① 作業中に災害、事故やヒヤリ・ハットなどが生じた場合は、原因となった危険性又は有害性を見極めて作業手順書を手直しする。

② 手戻りや不具合が生じたときは、何が原因かよく調べて、再発防止のため作業手順書を手直しする。

③ 貸与されている機械の機種が変わるなど、作業条件や環境が変更した場合は、作業手順書を手直しする。

10. まとめ

　建設業は、その特性から工事現場において潜在的危険性が多く内在しており、これらを明らかにして、実施すべき事項を決定することが重要です。
　リスクアセスメントを導入することにより、現場に潜在する「危険性又は有害性」について「可能性」と「重大性」を評価して「優先度」に応じてこれを除去・低減する対策に重点的に取り組むことが容易になり、安全衛生活動のさらなる向上が期待できます。現場で多くの関係者がこの知識を身に付け、安全で快適な現場環境の確保に努めて頂きたいと思います。

第2章

リスクアセスメントを取り込んだ
作業手順書作成事例

1．長尺運搬（1人で運搬）作業手順書

作 業 名	長尺運搬（1人で運搬）作業	作 業 人 員	1名
作 業 内 容	長さ3～5mの鉄筋を肩に担いで運搬する	保 護 具	ヘルメット、メガネ、手袋、安全靴
作 業 機 械	なし	工具・道具	ほうき、ブロアー
使 用 材 料	異形棒鋼　D16　長さ3～5m（1.56×4m×4本≒25Kg）	資 格 等	なし

作業区分		急所	危険性又は有害性	可能性	重大性	評価	優先度	危険性又は有害性の除去・低減対策	実施者
準備作業	作業手順	**1．作業場所の確認をする**							
		①置き場所、降ろし場所のまわりに障害物等がないか	・障害物等により負傷する	2	1	3	②	・障害物等、準備作業にて撤去する	職長
	作業手順	**2．作業方法を検討する**							
		①作業方法、手順を決める	・不適切な作業方法により負傷する	1	2	3	②	・適切な作業方法を決める	職長
	作業手順	**3．作業前の打合せをする**							
		①関係者全員が、当日の作業手順書を使用して行う ②運ぶ本数、姿勢及び経路についての注意事項の指示	・作業手順の周知をせず作業を行い負傷する ・1回に運ぶ本数（重量）が多く（重く）無理をして負傷する	1 2	2 1	3 3	② ②	・周知会を開催し、作業手順を全員が確認する ・18歳以上の男子で、1回に運ぶ本数（重量）は自分の体重の40％を目安とする。例）70kgの人は70×0.4=28kg以下とする。（厚労省「職場における腰痛予防対策指針」より）	職長 職長
	作業手順	**4．体調・服装・保護具を点検する**							
		①参加者の顔色を見て ②長袖・長ズボンを確認する ③保護具の着用状況を確認する	・体調不良による不安全行動で負傷する ・直接皮膚に物が触れ負傷する	1 1	2 2	3 3	② ②	・職長は作業員の顔色、健康チェック ・服装は長袖、長ズボンとし、作業中は手袋等の保護具を使用する	職長
	作業手順	**5．ＫＹを実施する**							
		①作業場所で、全員参加で実施する	・現地ＫＹをしなかったため、危険箇所がわからず負傷する	1	3	4	③	・作業開始前に、現場を見ながら作業手順書に基づいて実施する	職長

作業区分		急所	危険性又は有害性	可能性	重大性	評価	優先度	危険性又は有害性の除去・低減対策	実施者
	作業手順	6．安全設備を設置する							
準備作業		①置き場所、降ろし場所のまわりに障害物等がないか	・他資材が整理されておらず、つまずいて転倒する	2	1	3	②	・カラーコーン・バー等で置き場所を仕切り、他のものを置かないようにする	職長
		②通路上の障害物、段差、配筋間隔	・障害物、段差、隙間に足を取られ転倒する	2	1	3	②	・足場板（メッシュロード等）を運搬経路上に敷く ・障害物の撤去や段差、配筋間隔を解消する ・段差等解消できない箇所は注意標識を建てる	作業員 職長
		③足場板（メッシュロード等）を敷く		2	1	3	②	・足場板（メッシュロード等）がバタツク場合は、緊結すること	作業員 職長

鉄筋3本
(27kg)

スラブ鉄筋

左手首脱臼　左膝裂傷　左足指先が挟まった

— 21 —

作業区分	急所	危険性又は有害性	可能性	重大性	評価	優先度	危険性又は有害性の除去・低減対策	実施者
本作業	**作業手順　1．鉄筋を束ねる**							
	①手を挟まないように注意	・鉄筋材に手を挟む	2	1	3	②	・決められた運搬本数に小分けする ・あわてず鉄筋の端を掴み分ける	作業員
	作業手順　2．鉄筋を持ち上げて担ぐ							
	①持ち上げる姿勢はよいか 足を広げて（肩幅） 腰を落として	・無理な姿勢で持ち上げようとして腰を痛める	1	2	3	②	・片足を少し前に出し、膝を曲げ、腰を十分におろして鉄筋を担ぎ、膝を伸ばすことによって立ち上がるようにする（厚労省「職場における腰痛予防対策指針」より）	作業員
	作業手順　3．通路上を運搬する							
	①通路上の障害物、段差、配筋間隔を確認しながら歩行する ②前方に人がいないか確認しながら歩行する ③曲がる時は後方に人がいないか確認する	・配筋材に足を突っ込み転倒する ・通路上の障害物、段差につまずき転倒する ・鉄筋材が当たり負傷させる	1 1	2 2	3 3	② ②	・足場板（メッシュロード等）上を慎重に歩行する ・曲がる時は後方に人がいないことを確認する	作業員 作業員 職長

作業区分	急所	危険性又は有害性	可能性	重大性	評価	優先度	危険性又は有害性の除去・低減対策	実施者
本作業	作業手順 4．とまる							
	①周りに注意してとまる	・鉄筋材が当たり負傷させる	1	2	3	②	・鉄筋材を旋回しない	作業員
	作業手順 5．鉄筋を降ろす							
	①降ろす姿勢はよいか　足を広げて（肩幅）腰を落として	・立ったまま鉄筋を降ろして腰をひねり痛める	1	2	3	②	・腰を十分おろし、ゆっくりと肩から降ろす	作業員
後始末	作業手順 1．作業場所の掃除をする							
	①ほうき、ブロアーで	・ブロアーで舞い上がったホコリが目に入る	2	1	3	②	・ブロアーを使用する時は、メガネを使用する	作業員
	作業手順 2．終了報告をする							
	①片付け、整理整頓を確認し②元請職員に							職長

こんな災害にも注意を！

枠組足場の通路から降りる際、根がらみにつまずき転倒

2. 長尺運搬（2人で運搬）作業手順書

作 業 名	長尺運搬（2人で運搬）作業	作 業 人 員	2名
作 業 内 容	長さ6〜10mの鉄筋を肩に担いで運搬する	保 護 具	ヘルメット、メガネ、手袋、安全靴
作 業 機 械	なし	工具・道具	ほうき、ブロアー
使 用 材 料	異形棒鋼　D16　長さ6〜10m（1.56×8m×4本≒50.0Kg）	資 格 等	なし

作業区分		急所	危険性又は有害性	可能性	重大性	評価	優先度	危険性又は有害性の除去・低減対策	実施者
準備作業	作業手順	**1. 作業場所の確認をする**							
		①置き場所、降ろし場所のまわりに障害物等がないか	・障害物等により負傷する	2	1	3	②	・障害物等、準備作業にて撤去する	職長
	作業手順	**2. 作業方法を検討する**							
		①作業方法、手順を決める	・不適切な作業方法により負傷する	1	2	3	②	・適切な作業方法を決める	職長
	作業手順	**3. 作業前の打合せをする**							
		①関係者全員が、当日の作業手順書を使用して行う ②運ぶ本数、姿勢及び経路についての注意事項の指示	・作業手順の周知をせず作業を行い負傷する ・1回に運ぶ本数（重量）が多く（重く）無理をして負傷する	1 2	2 1	3 3	② ②	・周知会を開催し、作業手順を全員が確認する ・18歳以上の男子で、1回に運ぶ本数（重量）は自分の体重の40%を目安とする。例）70kgの人は70×0.4=28kg以下とする。（厚労省「職場における腰痛予防対策指針」より）	職長 職長
	作業手順	**4. 体調・服装・保護具を点検する**							
		①参加者の顔色を見て ②長袖・長ズボンを確認する ③保護具の着用状況を確認する	・体調不良による不安全行動で負傷する ・直接皮膚に物が触れ負傷する	1 1	2 2	3 3	② ②	・職長は作業員の顔色、健康チェックをする ・服装は長袖、長ズボンとし、作業中は手袋等の保護具を使用する	職長

－24－

作業区分		急所	危険性又は有害性	可能性	重大性	評価	優先度	危険性又は有害性の除去・低減対策	実施者
準備作業	作業手順	**5．ＫＹを実施する**							
		①作業場所で、全員参加で実施する	・現地ＫＹをしなかったため、危険箇所がわからず負傷する	1	3	4	③	・作業開始前に、現場を見ながら作業手順書に基づいて実施する	職長
	作業手順	**6．安全設備を設置する**							
		①置き場所、降ろし場所のまわりに障害物等がないか	・他資材が整理されておらず、つまずいて転倒する	2	1	3	②	・カラーコーン・バー等で置き場所を仕切り、他のものを置かないようにする	職長
		②通路上の障害物、段差、配筋間隔	・障害物、段差、隙間に足を取られ転倒する	2	1	3	②	・足場板（メッシュロード等）を運搬経路上に敷く ・障害物の撤去や段差、配筋間隔を解消する ・段差等解消できない箇所は注意標識を建てる	作業員 職長
		③足場板（メッシュロード等）を敷く	・足場板（メッシュロード等）につまずいて転倒する	2	1	3	②	・足場板（メッシュロード等）がバタツク場合は、緊結する	作業員 職長
本作業	作業手順	**1．鉄筋を束ねる**							
		①手を挟まないように注意	・鉄筋材に手を挟む	2	1	3	②	・決められた運搬本数に小分けする ・あわてず鉄筋の端を掴み分ける	作業員

作業区分		急所	危険性又は有害性	可能性	重大性	評価	優先度	危険性又は有害性の除去・低減対策	実施者
本作業	作業手順	**2．鉄筋を持ち上げて担ぐ**							
		①持ち上げる姿勢はよいか 足を広げて（肩幅） 腰を落として	・無理な姿勢で持ち上げようとして腰を痛める	1	2	3	②	・片足を少し前に出し、膝を曲げ、腰を十分におろして鉄筋を担ぎ、膝を伸ばすことによって立ち上がるようにする（厚労省「職場における腰痛予防対策指針」より）	作業員
		②2人同時に持ち上げる	・タイミングが合わずにバランスを崩し、足の上に荷を落とし負傷する	3	1	4	③	・声かけ（合図）の徹底	作業員
	作業手順	**3．通路上を運搬する**							
		①通路上の障害物、段差、配筋間隔を確認しながら歩行する	・配筋材に足を突っ込み転倒する ・通路上の障害物、段差につまずき転倒する	1	2	3	②	・足場板（メッシュロード等）上を慎重に歩行する	作業員
		②前方に人がいないか確認しながら歩行する ③曲がる時は後方に人がいないか確認する	・鉄筋材が当たり負傷する	1	2	3	②	・曲がる時は後方に人がいないことを確認する	作業員職長
		④2人同じスピードで歩行する	・無理な力が不意にかかり、バランスを崩し転倒する	3	1	4	③	・声かけ（合図）により歩み始める ・掛け声で歩調を合わせる	作業員
	作業手順	**4．とまる**							
		①声を掛ける	・鉄筋材が当たり負傷する	1	2	3	②	・声かけ（合図）により止まる	作業員

作業区分	急所	危険性又は有害性	可能性	重大性	評価	優先度	危険性又は有害性の除去・低減対策	実施者
本作業	作業手順 5．鉄筋を降ろす							
	①降ろす姿勢はよいか 　足を広げて（肩幅） 　腰を落として ②２人同時にゆっくり降ろす	・立ったまま鉄筋を降ろして腰をひねり痛める ・タイミングが合わずにバランスを崩し、足の上に荷を落とし負傷する	1 3	2 1	3 4	② ③	・腰を十分おろし、ゆっくりと肩から降ろす ・声かけ（合図）の徹底	作業員
後始末	作業手順 1．作業場所の掃除をする							
	①ほうき、ブロアーで	・ブロアーで舞い上がったホコリが目に入る	2	1	3	②	・ブロアーを使用する時は、メガネを使用する	作業員
	作業手順 2．終了報告をする							
	①片付け、整理整頓を確認し ②元請職員に							職長

こんな災害にも注意を！

階段上で石材運搬中、右手を挟まれる

階段を登りはじめたところ、石材のバランスが崩れた

立て直そうとしたが、右手を挟んだ

3．足場上で滑車を使用しての資材の荷揚げ作業手順書

作 業 名	足場上で滑車を使用しての資材の荷揚げ作業	作業人員	7名
作 業 内 容	滑車を使用して足場材を引き上げる	保 護 具	ヘルメット、安全帯、手袋、安全靴
作 業 機 械	滑車	工具・道具	ハンマー、ラジェット、番線他
使 用 材 料	建枠、ブレース、鋼製布板、単管パイプ他	資 格 等	足場組立等作業主任者、足場組立等業務の特別教育、玉掛け技能講習

作業区分		急所	危険性又は有害性	可能性	重大性	評価	優先度	危険性又は有害性の除去・低減対策	実施者
準備作業	作業手順	**1．作業場所の確認をする**							
		①置き場所、降ろし場所のまわりに障害物等がないか	・障害物等により負傷する	2	1	3	②	・障害物等、準備作業にて撤去する	職長
	作業手順	**2．作業方法を検討する**							
		①機械器具等の選定をする ②作業手順を決める	・不適切な作業方法により負傷する	1	2	3	②	・適切な作業方法を決める	職長
	作業手順	**3．作業前の打合せをする**							
		①関係者全員が、当日の作業手順書を使用して行う	・作業手順の周知をせず作業を行い負傷する	1	2	3	②	・周知会を開催し、作業手順を全員が確認する	職長
	作業手順	**4．体調・服装・保護具を点検する**							
		①参加者の顔色を見て	・体調不良による不安全行動で負傷する	1	2	3	②	・職長は作業員の顔色、健康チェックをする	職長
		②長袖・長ズボンを確認する ③保護具の着用状況を確認する	・直接皮膚に物が触れ負傷する	1	2	3	②	・服装は長袖、長ズボンとし、作業中は手袋等の保護具を使用する	
	作業手順	**5．ＫＹを実施する**							
		①作業場所で、全員参加で実施する	・現地ＫＹをしなかったため、危険箇所がわからず負傷する	1	3	4	③	・作業開始前に、現場を見ながら作業手順書に基づいて実施する	職長
	作業手順	**6．機械・工具を点検する**							
		①当日使用する機械・工具をすべて点検する	・機械の整備不良が原因の誤作動等により負傷する	1	2	3	②	・作業開始前に点検する	作業員

作業区分		急所	危険性又は有害性	可能性	重大性	評価	優先度	危険性又は有害性の 除去・低減対策	実施者
準備作業	作業手順	**7．安全設備を設置する**							
		① 置き場所、降ろし場所のまわりに障害物等がないか	・ 他資材が整理されておらず、つまずいて転倒や物が飛来落下する	2	1	3	②	・ 障害物の撤去や整理整頓	職長
		②滑車の取付けに際し、滑車や固定金具の点検を行う	・ 固定金具が外れ落下する	1	2	3	②	・ 結束方法を定め、作業員に周知する	職長
		③ロープの点検	・ ロープが切れて荷が落下する	1	2	3	②	・ 作業開始前に点検し、不良品は交換する	職長
本作業	作業手順	**1．部材の荷揚げ**							
		①安全帯の完全使用	・ 身を乗り出して墜落する	1	3	4	③	・ 手すり先行足場を採用する	職長
								・ 親綱を必ず設置し安全帯のフックを親綱へ必ず掛ける	作業員
								・ 身の乗り出し禁止と介錯ロープ使用の徹底を周知する	職長 作業員

— 29 —

作業区分	急所	危険性又は有害性	可能性	重大性	評価	優先度	危険性又は有害性の除去・低減対策	実施者
本作業	②ロープの結束方法 1）建枠は2本まで 2）筋違、パイプサポートは結束してつり袋に入れる 3）壁つなぎ、クランプ等の小物は、つり袋に入れる	・吊り荷の落下 ・ロープが切れて荷が落下する	1	3	4	③	・作業エリアの立ち入り禁止措置の徹底 ・地切り後は吊り荷の下には入らない	職長 作業員
	③上と下の者同士で声を掛けあう	・地切り時、手足が挟まれる	2	1	3	②	・警笛使用による合図の徹底	作業員

作業手順　2．部材の取り込み

作業区分	急所	危険性又は有害性	可能性	重大性	評価	優先度	危険性又は有害性の除去・低減対策	実施者
	①介錯ロープ使用による荷の取り込み ②身の乗り出し禁止 ③声かけ（合図）の徹底	・取り込み時に墜落する	1	3	4	③	・手すり先行足場の採用 ・親綱を必ず設置し安全帯フックを親綱へ必ず掛ける ・介錯ロープの引き込みと荷の取り込みタイミングを合わす ・実施状況を常に監視する	作業員 作業員 職長

作業手順　3．建て込み箇所への運搬

作業区分	急所	危険性又は有害性	可能性	重大性	評価	優先度	危険性又は有害性の除去・低減対策	実施者
	①作業通路の確保 ②安全帯の完全使用 ③無理な姿勢で運搬しない	・資材が整理されておらず、つまずいて転倒や物が飛来落下する ・移動中にバランスを崩し墜落する ・荷が落下する	2 1 2	1 3 2	3 4 4	② ③ ③	・作業通路を確保した荷の置き方、確保できなければ荷を上げない ・手すり先行足場の採用 ・親綱を必ず設置し安全帯フックを親綱へ必ず掛ける ・定められた本数以上は運ばない ・実施状況を常に監視する	作業員 作業員 作業員 職長

作業区分	急所	危険性又は有害性	可能性	重大性	評価	優先度	危険性又は有害性の除去・低減対策	実施者
後始末	作業手順 1．作業場所の掃除をする							
	①ほうき、ブロアーで	・ブロアーで舞い上がったホコリが目に入る	2	1	3	②	・ブロアーを使用する時は、メガネを使用する	作業員
	作業手順 2．機械・工具を片付ける							
	①点検して							作業員
	作業手順 3．終了報告をする							
	①片付け、整理整頓を確認し ②元請職員に							職長

こんな災害にも注意を！

安全帯不使用で荷をつかもうとして落下

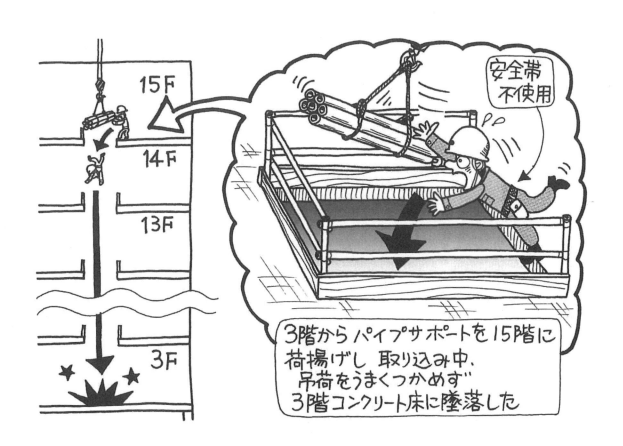

3階からパイプサポートを15階に荷揚げし 取り込み中、吊荷をうまくつかめず3階コンクリート床に墜落した

4．変形資材の運搬作業手順書

作　業　名	変形資材の運搬作業	作業人員	4名
作業内容	変形資材を工事用エレベーター使用をして運搬する	保　護　具	ヘルメット、手袋、安全靴
作業機械	工事用エレベーター	工具・道具	台車（キャスター付メッシュパレット）
使用材料	曲管（径 100mm、長さ 20cm）	資　格　等	なし

作業区分		急所	危険性又は有害性	可能性	重大性	評価	優先度	危険性又は有害性の除去・低減対策	実施者
準備作業	作業手順	**1．作業場所の確認をする**							
		①置き場所、降ろし場所のまわりに障害物等がないか	・障害物等により負傷する	2	1	3	②	・障害物等、準備作業にて撤去する	職長
	作業手順	**2．作業方法を検討する**							
		①機械器具等の選定をする②作業手順を決める	・不適切な作業方法により負傷する	1	2	3	②	・適切な作業方法を決める	職長
	作業手順	**3．作業前の打合せをする**							
		①関係者全員が、当日の作業手順書を使用して行う	・作業手順の周知をせず作業を行い負傷する	1	2	3	②	・周知会を開催し、作業手順を全員が確認する	職長
	作業手順	**4．体調・服装・保護具を点検する**							
		①参加者の顔色を見て②長袖・長ズボンを確認する③保護具の着用状況を確認する	・体調不良による不安全行動で負傷する・直接皮膚に物が触れ負傷する	1　1	2　2	3　3	②　②	・職長は作業員の顔色、健康チェックをする・服装は長袖、長ズボンとし、作業中は手袋等の保護具を使用する	職長
	作業手順	**5．ＫＹを実施する**							
		①作業場所で、全員参加で実施する	・現地ＫＹをしなかったため、危険箇所がわからず負傷する	1	3	4	③	・作業開始前に、現場を見ながら作業手順書に基づいて実施する	職長
	作業手順	**6．台車・工具を点検する**							
		①当日使用する台車・工具をすべて点検する	・台車の整備不良が原因で負傷する	1	2	3	②	・作業開始前に点検する	作業員

作業区分		急所	危険性又は有害性	可能性	重大性	評価	優先度	危険性又は有害性の除去・低減対策	実施者
準備作業	作業手順	**7. 安全設備を設置する**							
		① 置き場所、降ろし場所のまわりに障害物等がないか	・他資材が整理されておらず、つまずいて転倒する	2	1	3	②	・カラーコーン・バー等で置き場所を仕切り、他のものを置かないようにする	職長
		②通路上の障害物、段差確認 ③工事用エレベーターの始業点検	・障害物、段差、隙間に足を取られ転倒する	2	1	3	②	・通路上の障害物、段差を解消する ・段差等解消できない箇所は注意標識を設置する	作業員 職長
本作業	作業手順	**1. 台車への積込**							
		①台車を所定の場所に留め、歯止めをかける ②バラ物の固定 ③小物類は箱へ入れる	・台車が逸走する	1	1	2	①	・歯止め（ストッパー）を必ずかける	作業員
			・バラ積みでは荷崩れの時、ジャバラ扉の隙間から落下する	2	2	4	③	・ロープ、番線等で数珠つなぎにする ・袋、箱（メッシュパレット）に入れ床中央部に置く。または足場板等で幅木をジャバラ扉部に設ける	作業員
		④長物は積み上げない ⑤資材を降ろす順番を考え積み込む	・積み上げると荷崩れし、手足を挟まれる	2	1	3	②	・長物は平置きとし結束する	作業員

― 33 ―

作業区分		急所	危険性又は有害性	可能性	重大性	評価	優先度	危険性又は有害性の除去・低減対策	実施者
本作業	作業手順	**2．運搬**							
		①指定された者が操作する ②扉の開閉はていねいに行う	・扉に手を挟まれる	1	1	2	①	・職長は作業開始前に工事用エレベーターの運転者を指名し、その者が操作する	職長
		③荷崩れしていないかそのつど点検する	・ジャバラ扉の隙間から落下する	1	2	3	②	・足場板等で幅木を扉部に設ける	作業員
	作業手順	**3．台車からの荷降ろし**							
		①完全に停止してから作業にかかる	・工事用エレベーターとステージの隙間から資材が落下する	1	1	2	①	・荷姿を確認してから移動する ・通路を確保して荷を降ろす	作業員
		②台車を所定の場所に留め、歯止めをかける	・台車が逸走する	1	1	2	①	・歯止め（ストッパー）を必ずかける	作業員
			・荷崩れし、手足を挟まれる	2	1	3	②	・積んだ順番で荷を降ろす ・声を掛け合いながら作業する	作業員
後始末	作業手順	**1．作業場所の掃除をする**							
		①ほうき、ブロアーで	・ブロアーで舞い上がったホコリが目に入る	2	1	3	②	・ブロアーを使用する時は、メガネを使用する	作業員
	作業手順	**2．台車・工具を片付ける**							
		①点検して ②幅木を床平置き							作業員
	作業手順	**3．終了報告をする**							
		①片付け、整理整頓を確認し ②元請職員に							職長

— 34 —

こんな災害にも注意を！

荷台で荷降ろし中、トラックが動き墜落

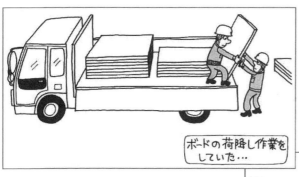

◀ ボードの荷降ろしは予定どおり終了

▶ 次の作業について相方と話し合っていたが……

◀ トラックが急発進して墜落！

5．機械運搬作業（フォークリフト運転・運搬操作）作業手順書

作　業　名	運搬作業（機械運搬）	作業人員	2～3名
作 業 内 容	フォークリフトを使用した資材の運搬操作	保　護　具	ヘルメット、安全靴、手袋
作 業 機 械	フォークリフト	工具・道具	くさび又はキャンバー
使 用 材 料	積荷物	資　格　等	最大荷重1t以上　技能講習修了者 最大荷重1t未満　特別教育修了者

作業区分		急所	危険性又は有害性	可能性	重大性	評価	優先度	危険性又は有害性の除去・低減対策	実施者
準備作業	作業手順	**1．車輌の手配・準備**							
		①リース会社の点検記録の確認をする ②機械の能力と特性等注意事項を確認する							持込者 運転者
	作業手順	**2．有資格者の確認**							
		①作業前打合等で ②作業内容に見合った	・無資格者が運転することにより、知識不足から誤動作が発生する	2	2	4	③	・機械を操作する者が法令にもとづき必要な資格、技能を有する者か確認する	元請 職長
	作業手順	**3．機械使用前点検**							
		①使用する日ごとに始業前点検を実施し、記録する							運転者
	作業手順	**4．作業計画の確認**							
		①作業する場所、荷の種類、形状、重量、有害性等の確認 ②運行経路、作業方法、時間の確認							運転者
	作業手順	**5．服装の確認**							
		①適正な保護具の着用の確認　ヘルメット、安全靴等							運転者
	作業手順	**6．作業指揮者の確認**							
		①作業指揮者は計画に基づき指揮すること							職長 指揮者

作業区分		急所	危険性又は有害性	可能性	重大性	評価	優先度	危険性又は有害性の除去・低減対策	実施者
本作業	作業手順	**1．運転座席位置を決める**							
		①正しい姿勢で運転しやすい位置に座る	・シートベルトをしなかったために座席から落ちる	1	2	3	②	・保護具の着用とシートベルトを着用する	運転者
	作業手順	**2．運転始動、発進する**							
		①周囲の安全を確認して②制限速度を順守	・作業員と接触する	2	2	4	③	・周囲の安全を確認し必要に応じ作業範囲立入禁止にする	運転者指揮者
	作業手順	**3．後進する**							
		①後方を確認して	・後方に作業員がいたため、激突する	2	1	3	②	・後進する時は、後方の安全確認を行う	運転者
		②マスト（積荷）の高さを確認して	・上部の障害物にマスト（積荷）が当たる	3	1	4	③	・荷を積んだ状態ではマストの高さが違う事を認識して障害物の確認を行う	運転者
	作業手順	**4．方向転換する**							
		①周囲の安全を確認して②十分に減速して	・急旋回を行い車体のバランスを崩し横転する	2	2	4	③	・方向転換は周囲の安全確認をし、十分に減速して行う	運転者
	作業手順	**5．進行方向の確認をする**							
		①幅員が保持されているか②経路の不同沈下を確認して	・経路から外れ横転する・路面の沈下により車体が横転、転倒する	2	3	5	④	・走行路は事前計画で確認し、段差・悪路がある場合は元請に是正を要請する	運転者職長
	作業手順	**6．通路を横断する**							
		①一時停止をして②左右の安全を確認して	・建物等の陰から出てきた作業員と接触する	2	2	4	③	・通路手前では必ず一時停止をし、前方左右の確認をする	運転者指揮者
	作業手順	**7．曲がり角を曲がる**							
		①一時停止をして②左右の安全を確認して	・建物等の陰から出てきた作業員と接触する	2	2	4	③	・曲がり角手前では必ず一時停止をし、前方左右の確認をする	運転者指揮者
	作業手順	**8．積み取り場所に移動、接近する**							
		①安全な速度に減速し②手前で一時停止	・フォークを荷で突き荷崩れを起こし、作業員や物に当たる	2	2	4	③	・積み取る荷の手前で減速、一時停止をする	運転者

作業区分	急所	危険性又は有害性	可能性	重大性	評価	優先度	危険性又は有害性の除去・低減対策	実施者
	作業手順 9．積み荷を確認する							
	①荷崩れの危険がないか	・走行中に荷崩れし作業員に激突する	2	2	4	③	・荷崩れのおそれがある時は荷を積み直す	運転者
	作業手順 10．マストを前傾し、差込み位置を調整する							
	①荷に対して垂直な位置まで ②パレット等の高さに位置を合わせて	・差込む時フォークがパレットに当たり荷崩れし近くにいた作業員に当たる	2	2	4	③	・フォークがパレットに当たりそうになったら、一旦停止しフォーク位置を調整する	運転者
	作業手順 11．フォークを差込む							
	①差込み位置を確認しながら ②フォークの 3/4 〜 2/3 程度が入るまでゆっくり前進し	・差込みが足りないまま持ち上げて荷が崩れ、倒れてしまい周囲の作業員に激突する	2	2	4	③	・作業指揮者の誘導の元フォークの 3/4 〜 2/3 程度が入るまでゆっくり前進し、確実にフォークが差込まれているかを確認する	運転者 指揮者
本作業	**作業手順 12．荷を持ち上げる**							
	①一旦、フォークを地面から 5 〜 10cm程度持ち上げ ②荷の安定や偏荷重になっていないか確認する	・荷のバランスが悪くフォークリフトが横転、転倒する	2	2	4	③	・積載荷の重量、形状を確認し、安定が悪い荷はパレット等を用いて、その中央部に荷を置いて固結する	運転者 指揮者
	作業手順 13．マストを後傾する							
	①フォークに載せた荷の安定を確認後、後傾する限度まで	・フォークを上げたバランスの悪い状態で走行し、横転、転倒する	2	2	4	③	・走行時のフォークの高さ位置を一定の低い位置に保って走行するよう徹底する	運転者
	作業手順 14．後進する							
	①後方を確認して	・後方に人がいたため、激突する	2	1	3	②	・後進する時は、後方の安全確認を行う	運転者
	②マスト（積荷）の高さを確認して	・上部の障害物にマスト（積荷）が当たる	3	1	4	③	・荷を積んだ状態ではマストの高さが違う事を認識して障害物の確認を行う	運転者
	作業手順 15．発進、走行する							
	①一旦、フォークを地面から 15 〜 20cm程度持ち上げ	・荷を高く上げ過ぎ、車体の重心がぶれて横転、転倒し運転者が投げ出される	3	2	5	④	・走行中はフォークを地面から 15 〜 20cmの高さに保持し、周囲に作業員がいないことを確認する	運転者 指揮者

作業区分	急所	危険性又は有害性	可能性	重大性	評価	優先度	危険性又は有害性の除去・低減対策	実施者
本作業	②周囲の安全を確認して低速で運転し、その作業場で定められた制限速度を守らせる	・横転、転倒し作業員と接触する	3	2	5	④	・走行中はフォークを地面から15～20cmの高さに保持し、周囲に作業員がいないことを確認する	運転者 指揮者

作業区分	急所	危険性又は有害性	可能性	重大性	評価	優先度	危険性又は有害性の除去・低減対策	実施者
	作業手順 16. 建物等に出入りする							
	①車幅及び車高と出入口の幅及び高さに注意して	・無理な走行をし、建物等の出入口に車体が衝突し、反動で運転者が車体と接触、負傷する	2	2	4	③	・出入口開口幅を事前に確認して、指揮者誘導の元、進入する	運転者 指揮者
	②身体が車体からはみ出さないように ③周囲の安全を確認して	・建物等の陰から出てきた作業員と接触する	2	2	4	③	・出入口前で一時停止をし、前方左右の確認を行う	
	作業手順 17. 車両同士ですれ違う							
	①走行速度を減速して ②相手車両との安全距離を保ち	・他の車両とすれ違う時接触する	2	1	3	②	・走行路の幅が狭い場合は指揮者の誘導によりすれ違う	運転者 指揮者
	作業手順 18. 荷降ろしする場所に停止する							
	①ゆっくりと	・急ブレーキを踏んで荷が落ち作業員に当たる	2	1	3	②	・減速はゆっくりと行う	運転者
	作業手順 19. 後進する							
	①差したフォークを抜ける位置まで	・後方に作業員がいたため激突する	2	2	4	③	・後進する時は、後方の安全確認を行う	運転者
	作業手順 20. 停止する							
	①減速、停止は早めにゆっくりと							運転者
後始末	**作業手順 1. 所定の位置に駐車する**							
	①フォークの高さを最低降下位置に置いてあるか ②駐車ブレーキをかけ、エンジンを切り、くさび又はストッパーの設置を行う							運転者

6．大ばらしした足場を小ばらしする作業手順書

作 業 名	外部足場解体作業	作業人員	6名
作業内容	大ばらしした足場を小ばらしする作業	保 護 具	ヘルメット、安全靴、保護手袋、安全帯
作業機械	移動式クレーン	工具・道具	親綱、ラジェット、番線カッター、玉掛け用ワイヤロープ
使用材料	足場材	資 格 等	足場組立等作業主任者、玉掛け技能講習、移動式クレーン運転士、足場組立等業務の特別教育

作業区分		急所	危険性又は有害性	可能性	重大性	評価	優先度	危険性又は有害性の除去・低減対策	実施者
準備作業	作業手順	**1．作業前の打合せをする**							
		①関係者全員が、当日の作業手順書を使用して行う	・作業手順の周知をせず勝手作業を行い負傷する	2	2	4	③	・周知会を開催し作業手順を全員が確認する	職長
	作業手順	**2．体調・服装・保護具の点検をする**							
		①参加者の顔色を見て	・体調不良で不安全行動を行い負傷する	1	2	3	②	・作業員全員の体調チェックを行う	職長
		②保護具の損傷等を確認する	・安全帯が不良のため、使用していたが、墜落する	1	3	4	③	・安全帯の始業点検を実施する	作業員
	作業手順	**3．ＫＹを実施する**							
		①作業場所で、全員参加で実施する	・危険予知が出来ずに不安全行動により負傷する	1	2	3	②	・全員参加で当日に予想される災害の検討を行う	作業員
	作業手順	**4．使用用具・工具を点検する**							
		①当日使用する用具・工具をすべて点検する	・玉掛けワイヤが切れて材料が落下して当たり負傷する	1	3	4	③	・全てのワイヤの点検 ・不良品は切断し廃棄する	職長
	作業手順	**5．危険・立入禁止区域設定**							
		①関係者以外立入禁止措置と朝礼時に作業区域の周知を行う	・関係者以外が範囲内に立入して負傷する	2	1	3	②	・朝礼時の周知と区画の明示と標識の設置による立入禁止を徹底する	職長
		②立入禁止の標識を設置	・標識がなく関係者以外が立入して負傷する	1	1	2	①		
	作業手順	**6．足場の解体前点検**							
		①外れている部材の確認 ②落下しそうな材料等確認	・解体材の荷揚げ時に部材が落下して作業員にあたり負傷する	2	2	4	③	・解体箇所の部材の状況 ・飛散物の有無等の点検を行い、不具合を是正する	作業員
		③飛散物の撤去	・解体材が飛散して他作業員にあたり負傷する	1	2	3	②		

－40－

作業区分		急所	危険性又は有害性	可能性	重大性	評価	優先度	危険性又は有害性の除去・低減対策	実施者
準備作業	作業手順	**7．小ばらし場所の段取り**							
		①スペースは充分か	・荷降し時に解体材へ挟まれて負傷する	1	3	4	③	・足場解体周知会で場所と大きさと状態の確認と是正を行う	元請職長
		②場所の不陸確認	・荷降した解体材が転倒し当たって負傷する	1	2	3	②		
	作業手順	**8．移動式クレーンの設置**							
		①アウトリガー最大張り出し	・移動式クレーンが転倒して運転者が負傷する	1	3	4	③	・施工計画・手順書での移動式クレーンの配置を確認する	元請職長
		②始業点検の実施	・吊り荷作業中、吊り荷が落下して作業員に当たり負傷する	1	2	3	②	・始業点検を実施する	運転者
		③作業半径内立入禁止措置	・旋回中、作業員が架台に接触して負傷する	1	3	4	③	・作業半径内立入禁止措置の徹底する	運転者
		④合図、無線の確認	・無線が聞こえず、誤操作をして作業員と吊り荷が接触して負傷する	1	3	4	③	・ＫＹ時に合図者と運転者とで合図方法を確認しておく	運転者作業員
本作業	作業手順	**1．層間安全ネットの取外し**							
		①取外した材料は足場に置かない	・取外しの際、ブレースの間から墜落して負傷する	1	3	4	③	・取外し時は必ず安全帯を使用する	作業員
	作業手順	**2．外部垂直養生シートの取外し**							
		①結束紐の片付け	・シート取外しの際、落下させて作業員に当たり負傷する	1	2	3	②	・大範囲での取外しはしない	作業員
	作業手順	**3．布枠、ブレースを取外しブロック内に結束**							
		①解体材の結束は番線で確実に行う	・足場をよじ登って、墜落して負傷する	2	3	5	④	・足場昇降は必ず昇降階段を使用する	作業員
			・材料の結束が不足していて荷降し時に落下して作業員に当たって負傷する	2	3	5	④	・材料の結束は番線を使用し確実に行う	作業員
	作業手順	**4．玉掛け用ワイヤロープ、介錯ロープの取付け**							
		①ワイヤは解体部の重量に合せたもの	・荷揚げ時、ワイヤが重さで切れて吊り荷が落下して作業員に当たり負傷する	1	3	4	③	・吊り荷の重量を考慮したワイヤの選定を行う	元請職長

－41－

作業区分		急所	危険性又は有害性	可能性	重大性	評価	優先度	危険性又は有害性の除去・低減対策	実施者
本作業	作業手順	**5．チョイ巻きして、ワイヤを効かせる**							
		①ワイヤは4本使用し枠組の上枠に取付け	・ 枠組の脆弱部分へワイヤを掛けたため部材が切れて吊り荷が落下して作業員に当たり負傷する	1	3	4	③	・ 玉掛け手順の確認を行う	作業員
	作業手順	**6．解体部分の壁つなぎを取外し**							
		①チョイ巻きは巻き過ぎない	・ 巻き過ぎのため壁つなぎが破損して足場が倒壊する	1	3	4	③	・ 的確な合図を行い巻き過ぎのないようにする	作業員
	作業手順	**7．縁切部の建枠ジョイント取外し**							
		①ワイヤを効かせてから壁つなぎを取外し	・ ワイヤを効かせず壁つなぎを取外したため足場が倒壊する	1	3	4	③	・ 玉掛け手順の確認を行う	作業員
	作業手順	**8．ブロック内の建枠ジョイントが効いていることを確認**							
		①建枠ジョイントがせって抜けない場合、無理に巻き上げない	・ ジョイントがせって抜けなかったのに、無理に巻上げたためワイヤが切断して足場が倒壊する	1	3	4	③	・ ジョイントがせって抜けない時は一旦ワイヤを緩め水平を保って再度行う	作業員
	作業手順	**9．合図により徐々に巻上げ**							
		①縁が切れて、水平を保っていることを確認する	・ 水平を保てなくて足場が倒壊する	1	3	4	③	・ 介錯ロープを必ず使用する	作業員
	作業手順	**10．縁が切れていたことを確認**							
		①介錯ロープで解体材の回転等を防止する	・ 吊り荷が振れて、足場上の作業員に激突し墜落する	1	3	4	③	・ 介錯ロープを必ず使用する	作業員

作業区分		急所	危険性又は有害性	可能性	重大性	評価	優先度	危険性又は有害性の除去・低減対策	実施者
本作業	作業手順	**11. 旋回して小ばらし場所へ**							
		①クレーンの巻上げ・旋回はゆっくり行う	・巻上げ・旋回のスピードを上げたため、足場が振れて作業員に当たり墜落する	1	3	4	③	・的確な合図の徹底と指示の徹底を行う	作業員
		②合図ははっきりと的確に	・わかりづらい合図のためクレーンを誤操作し、吊り荷が作業員へ当たり負傷する	1	3	4	③	・的確ではっきりした合図を徹底する	作業員
		③吊り荷の下は立入禁止	・吊り荷の下に作業員が立入る ・材料が落下してきて負傷する	1	3	4	③	・旋回時、周囲の作業員への注意喚起を行う（笛等を使用）	作業員
	作業手順	**12. ブロックを地上に預ける（吊ったまま）**							
		①地上に預けてから布枠、ブレースの取外しを行う	・ワイヤを緩めてしまい足場が転倒し作業員に当たり負傷する	1	3	4	③	・解体手順を確認し遵守する	作業員
	作業手順	**13. 最下層の布枠、ブレースの取外し（地上から手ばらし）**							
		①吊ったままの布枠、ブレースの取外しは行わない	・吊ったまま作業を行い吊り荷が振られて作業員に当たり負傷する	1	1	2	①	・解体手順を確認し遵守する	作業員
	作業手順	**14. 20cm 程度巻上げ建枠を外す**							
		①建枠を外す際は、20cm 程度の巻上げとする	・巻上げが高く、足元に建枠が落ちて負傷する	1	1	2	①	・解体手順を確認し遵守する	作業員
	作業手順	**15. 再度、地上に預け、昇降階段を取付ける**							
		①足場の昇降は必ず昇降階段を使用する	・足場をよじ登って、墜落して負傷する	1	2	3	②	・足場昇降は必ず昇降階段を使用する	作業員

作業区分		急所	危険性又は有害性	可能性	重大性	評価	優先度	危険性又は有害性の除去・低減対策	実施者
本作業	作業手順	**16. 玉掛けワイヤを取外し**							
		①ワイヤは取外した後、1本に合せたもの纏めて巻上げ ②ワイヤを巻上げる時は足場上にいない	・ワイヤが部材に引掛り足場が転倒して作業員も一緒に墜落し負傷する	1	3	4	③	・ワイヤは4本まとめて足場の外へ出して巻上げ ・巻上げの際には足場上にはいない、退避する	作業員
	作業手順	**17. 残りの2層を手ばらし**							
		①材料の手渡しは声を掛け合う ②転倒防止の控えは必ずとる	・材料を手渡し時、落下させ下の作業員へ当たり負傷する ・転倒防止措置をとらず、足場が転倒し、足場上の作業員も墜落する	1 1	1 3	2 4	① ③	・材料手渡しは声を掛け合って作業を行う ・転倒防止の控えを必ず設置する	作業員 作業員
後始末	作業手順	**1. 解体材の整理**							
		①材料種別ごとに整理をして積み上げる ②積み上げは2mを超えない高さとし、荷崩れを起さぬようしっかり結束する	・運搬時、転倒して頭を打って負傷する ・荷崩れを起こし、材料が作業員へ当たり負傷する	1 1	2 2	3 3	② ②	・運搬に夢中になったり焦っての作業は行わない ・多くの材料の積み上げは避けて、少量での結束を実施する	作業員 作業員

こんな災害にも注意を！

玉外し時の見込み操作で大ばらしした足場が転倒

7．外壁材の荷降ろし作業手順書

作 業 名	外壁材の荷降ろし作業	作 業 人 員	6名
作 業 内 容	屋上から2階床へ外壁材を荷降ろす作業	保 護 具	ヘルメット、安全靴、手袋
作 業 機 械	移動式クレーン	工具・道具	三角スリング、介錯ロープ、玉掛け用ワイヤロープ
使 用 材 料	外壁材	資 格 等	玉掛け技能講習、移動式クレーン運転士

作業区分		急所	危険性又は有害性	可能性	重大性	評価	優先度	危険性又は有害性の除去・低減対策	実施者
準備作業	作業手順	**1．作業前の打合せをする**							
		①関係者全員が、当日の作業手順書を使用して行う	・ 作業手順の周知をせず勝手作業を行い負傷する	2	2	4	③	・ 周知会を開催し作業手順を全員が確認する	職長
	作業手順	**2．体調・服装・保護具の点検をする**							
		①参加者の顔色を見て	・ 体調不良で不安全行動を行い負傷する	1	2	3	②	・ 作業員全員の体調チェックをする	職長
		②保護具の損傷等を確認する	・ 安全帯が不良のため、使用していたが、墜落する	1	3	4	③	・ 安全帯の始業点検を実施する	作業員
	作業手順	**3．KYを実施する**							
		①作業場所で、全員参加で実施する	・ 危険予知が出来ずに不安全行動により負傷する	1	2	3	②	・ 全員参加で当日に予想される災害の検討する	作業員
	作業手順	**4．使用用具・工具を点検する**							
		①当日使用する用具・工具をすべて点検する	・ ワイヤが切れて材料が落下し当たり負傷する	1	3	4	③	・ 全てのワイヤを点検する ・ 不良品は切断し廃棄する	職長
	作業手順	**5．三角スリングを点検する**							
		①素線切れ、キンクを見て	・ スリングが切れて吊り荷が落下し作業員に当たる	1	3	4	③	・ 作業前に点検を行い不良品は切断して廃棄する	職長
	作業手順	**6．荷降ろし場所の危険・立入禁止区域設定**							
		①関係者以外立入禁止措置と朝礼時で作業区域の周知を行う	・ 関係者以外が範囲内に立入って負傷する	2	1	3	②	・ 朝礼時の周知と区画の明示と標識の設置による立入禁止を徹底する	職長
		②立入禁止の標識を設置		1	1	2	①		

－ 46 －

作業区分		急所	危険性又は有害性	可能性	重大性	評価	優先度	危険性又は有害性の除去・低減対策	実施者
準備作業	作業手順	**7．移動式クレーンの設置**							
		①アウトリガー最大張り出し	・移動式クレーンが転倒して運転者が負傷する	1	3	4	③	・施工計画・手順書での移動式クレーンの配置の確認	元請職長
		②始業点検の実施	・吊り荷作業中、吊り荷が落下して作業員に当たり負傷する	1	2	3	②	・始業点検の実施	運転者
		③作業半径内立入禁止措置	・旋回中、作業員が架台に接触して負傷する	1	3	4	③	・作業半径内立入禁止措置の徹底	運転者
		④合図、無線の確認	・無線が聞こえず、誤操作をして作業員と吊り荷が接触して負傷する	1	3	4	③	・ＫＹ時に合図者と運転者とで合図方法を確認しておく	運転者
	作業手順	**8．各階の開口部の水平ネットを取外し開口部から離れた位置に置く**							
		①安全帯を手すり単管へ掛けて	・安全帯を使用せず、バランスを崩して落下する	1	3	4	③	・安全帯を必ず手すりに取付け使用する	作業員
		②必ず２人以上で作業	・１人で無理に取外しを行いバランスを崩して落下する	1	3	4	③	・２人作業とする	作業員
本作業	作業手順	**1．合図をし、クレーンを呼ぶ**							
		①合図は１人で ②大きな動作で明確に	・合図間違いのためフックが作業員に激突する	1	2	3	②	・合図は周囲の状況を確認後、はっきりと行う	合図者
	作業手順	**2．フックを誘導する**							
		①荷の重心の真上に ②２方向から見て	・フックが振れて作業員に激突する	1	2	3	②	・旋回はゆっくりと行う	合図者 運転者
	作業手順	**3．フックを下げ、停止する**							
		①身長よりやや高い位置まで	・フックが振れて作業員に激突する	1	2	3	②	・２m程度として決して頭に当たらないように止める	合図者

作業区分		急所	危険性又は有害性	可能性	重大性	評価	優先度	危険性又は有害性の 除去・低減対策	実施者
本作業	作業手順	**4．外壁材を三角スリングで固定する**							
		①１回分ずつ荷上げ材を固定する ②荷の重心を見て ③吊り角度は30度以上60度未満	・固定が悪いと吊上げ後、旋回中に落下して作業員に当たる	1	3	4	③	・吊り荷の重心を確認し、大きさの異なる材料を一緒に上げる場合は補助ベルトを併用する	玉掛け者
	作業手順	**5．ワイヤを効かせる**							
		①介錯ロープを付け ②微動巻上げの合図で	・ワイヤと外壁材の間に指を入れて巻上げて、指を挟む	1	3	4	③	・外壁材とワイヤの間に指を入れない	玉掛け者
	作業手順	**6．地切りをする**							
		①補助者を避難させて ②微動巻上げの合図で	・巻上げの際、外壁材が振れて作業員に激突する	1	3	4	③	・確実に地切りを行い外壁材が安定してから移動 ・「3・3・3運動」の実施 吊り荷を30cm巻上げ３秒停止 ３m吊り荷から離れ	合図者 作業員
	作業手順	**7．巻上げる**							
		①介錯ロープで誘導し ②吊り荷から３m離れ ③周囲の作業員へ注意喚起して	・荷崩れを起こし、外壁材が作業員に当たる ・外壁材が落下して挟まれる	1 1	3 3	4 4	③ ③	・吊り荷から３m以上離れ介錯ロープで誘導する ・玉掛けは確実に行う	作業員 玉掛け者

「玉掛け作業の　3・3・3運動」
・玉掛け者が玉掛けをしてから、クレーン操作者が地切りをするまで、３秒待つ
・地切りのときは、30cm以内の高さで一旦停止する
・玉掛け者は、荷物から３m離れる

作業区分	急所	危険性又は有害性	可能性	重大性	評価	優先度	危険性又は有害性の除去・低減対策	実施者
	作業手順 8. 屋上まで移動する							
	①吊り荷の下に他の作業員が立入らないよう注意喚起をする	・障害物と接触し外壁材が落下し作業員に当たる	1	3	4	③	・人払いを徹底する	職長
	②巻上げ、旋回等のスピードは早くならぬよう誘導する	・スピードを上げたため荷が振れて落下する	1	3	4	③	・合図は1人ではっきりと行う	合図者
	作業手順 9. 外壁材を屋上開口部を通過させる							
	①介錯ロープを使い、外壁材を開口部内を通過させる	・外壁材が躯体に当たり、外壁材が落下し下の作業員に当たる	2	3	5	④	・介錯ロープで操作する人間と監視員を配置し荷の状態を確認しながら開口部内を降ろしていく ・吊り荷の下には入らないよう指導と立入禁止措置を行う	作業員 合図者
	作業手順 10. 各階の開口部を通過させる							
本作業	①介錯ロープを使い、外壁材を開口部内を通過させる	・外壁材が躯体に当たり、外壁材が落下し下の作業員に当たる	2	3	5	④	・介錯ロープで操作する人間と監視員を配置し荷の状態を確認しながら開口部内を降ろす ・吊り荷の下には入らないよう指導と立入禁止措置を行う	作業員 合図者
	作業手順 11. 外壁材を2階床まで降ろす							
	①介錯ロープを使い、所定の荷降し箇所まで誘導する	・荷が振れて作業員に当たる	1	3	4	③	・荷が安定するまで近寄らない	合図者
	作業手順 12. 台木を直す							
	①玉掛けワイヤの位置により	・台木から荷が外れて外壁材に挟まれる	1	3	4	③	・台木は適正なものを使用する	作業員
	作業手順 13. 降ろす							
	①微動巻下げの合図で ②荷から手を離して	・合図が曖昧で、既存物に吊り荷が当たり落下する	1	3	4	③	・合図は1人ではっきりと行う	合図者
	作業手順 14. 荷の座りを見る							
	①ワイヤが緩んだ状態で ②2方向から	・荷崩れを起こし、作業員が外壁材に挟まれる	1	3	4	③	・荷の座りは確実に確認する	合図者 玉掛け者

作業区分		急所	危険性又は有害性	可能性	重大性	評価	優先度	危険性又は有害性の除去・低減対策	実施者
本作業	作業手順	**15．巻下げて、フックからワイヤを外す**							
		①フックが２ｍ程度まで巻下げ	・作業中フックが激突する	1	2	3	②	・フックは２ｍ程度で止めて、ワイヤを外す	玉掛け者
	作業手順	**16．荷解きをする**							
		①２人で、ゆっくりと	・ワイヤを引き抜いた時荷崩れを起こし負傷する	1	3	4	③	・ワイヤはゆっくりと取外しを行う	玉掛け者
	作業手順	**17．ワイヤを巻上げ次の荷へ移動する**							
		①合図ははっきりと ②既存物への激突防止	・合図が曖昧でフックが既存物に当たる	1	2	3	②	・合図は１人ではっきりと行う	合図者
後始末	作業手順	**1．点検する**							
		①ワイヤのキンク、型崩れアイを ②シャックル、介錯ロープを ③手すり等が吊り荷の激突による変形等がないか							作業員
	作業手順	**2．各階の開口部の水平ネットを復旧する**							
		①安全帯を手すり単管へ掛けて ②必ず２人以上で作業	・安全帯を使用せず、バランスを崩して落下する ・１人で無理に復旧を行いバランスを崩して落下	1 1	3 3	4 4	③ ③	・安全帯を必ず手すりに取付け使用する ・２人作業とする	作業員 作業員
	作業手順	**3．玉掛け用具を片付ける**							
		①指定場所へ ②整理して ③キンク等を直して							作業員
	作業手順	**4．終了報告をする**							
		①職長に ②元請担当者に							作業員 職長

こんな災害にも注意を！

荷の下にあるワイヤロープを引き抜く際に荷崩れし、下敷きに

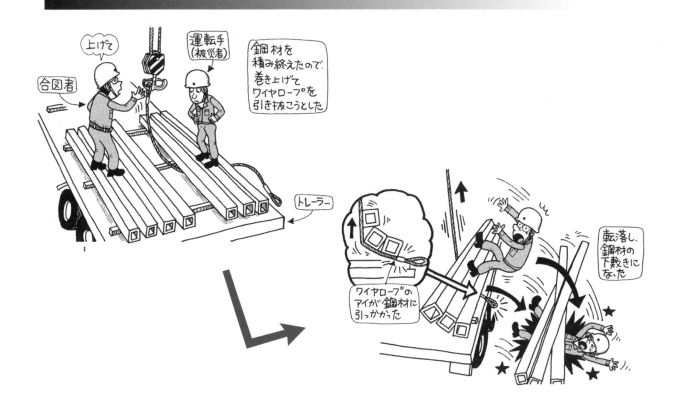

こんな災害にも注意を！

バックホウで吊り上げた荷が落下し、作業者を直撃

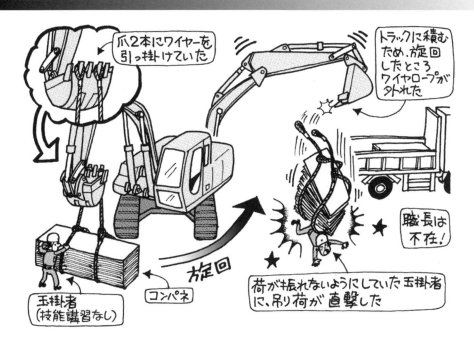

8．鋼管束の荷降ろし作業手順書

作 業 名	鋼管束の荷降ろし作業	作 業 人 員	6名
作 業 内 容	屋上から型枠用鋼管を荷降ろし作業	保 護 具	ヘルメット、安全靴、手袋
作 業 機 械	移動式クレーン	工具・道具	介錯ロープ、シノ、番線カッター、玉掛け用ワイヤロープ、シャックル
使 用 材 料	鋼管、番線	資 格 等	玉掛け技能講習、移動式クレーン運転士

作業区分		急所	危険性又は有害性	可能性	重大性	評価	優先度	危険性又は有害性の除去・低減対策	実施者
準備作業	作業手順	**1．作業前の打合せをする**							
		①関係者全員が、当日の作業手順書を使用して行う	・作業手順の周知をせず勝手作業を行い負傷する	2	2	4	③	・周知会を開催し作業手順を全員が確認する	職長
	作業手順	**2．体調・服装・保護具の点検をする**							
		①参加者の顔色を見て	・体調不良で不安全行動を行い負傷する	1	2	3	②	・作業員全員の体調をチェックする	職長
		②保護具の損傷等を確認する	・安全帯が不良のため、使用していたが、墜落する	1	3	4	③	・安全帯の始業点検を実施する	作業員
	作業手順	**3．ＫＹを実施する**							
		①作業場所で、全員参加で実施する	・危険予知が出来ずに不安全行動により負傷する	1	2	3	②	・全員参加で当日に予想される災害の検討をする	作業員
	作業手順	**4．使用用具・工具を点検する**							
		①当日使用する用具・工具をすべて点検する	・ワイヤが切れて材料が落下し当たる	1	3	4	③	・全てのワイヤを点検する ・不良品は切断し廃棄する	職長
	作業手順	**5．玉掛けワイヤを点検・選定する**							
		①重量を目測して（10.9kg/4m）ワイヤを選定して ②素線切れ、キンクを見て	・重量に合ったワイヤではないものを使用し切断して鋼管が落下する	1	3	4	③	・重量を確認して、ワイヤを選定し点検を行い使用する	職長
	作業手順	**6．荷降ろし場所の危険・立入禁止区域設定**							
		①関係者以外立入禁止措置と朝礼時に作業区域の周知を行う ②立入禁止の標識を設置	・関係者以外が範囲内に立入って負傷する	2	1	3	②	・朝礼時の周知と区画の明示と標識の設置による立入禁止を徹底する	職長
			・標識がなく関係者以外が立入って負傷する	1	1	2	①		

— 52 —

作業区分		急所	危険性又は有害性	可能性	重大性	評価	優先度	危険性又は有害性の除去・低減対策	実施者
準備作業	作業手順	**7．移動式クレーンの設置**							
		①アウトリガー最大張り出し	・移動式クレーンが転倒して運転者が負傷する	1	3	4	③	・施工計画・手順書での移動式クレーンの配置を確認する	元請職長
		②始業点検の実施	・吊り荷作業中、吊り荷が落下して作業員に当たる	1	2	3	②	・始業点検を実施する	運転者
		③作業半径内立入禁止措置	・旋回中、作業員が架台に接触する	1	3	4	③	・作業半径内立入禁止措置を徹底する	運転者
		④合図、無線の確認	・無線が聞こえず、誤操作をして作業員と吊り荷が接触する	1	3	4	③	・ＫＹ時に合図者と運転者とで合図方法を確認しておく ・確認の徹底	運転者
本作業	作業手順	**1．合図をし、クレーンを呼ぶ**							
		①合図は１人で ②大きな動作で明確に	・合図間違いのためフックが作業員に激突する	1	2	3	②	・合図は周囲の状況を確認後、はっきりと行う	合図者
	作業手順	**2．フックを誘導する**							
		①荷の重心の真上に ②２方向から見て	・フックが振れて作業員に激突して負傷	1	2	3	②	・旋回はゆっくり行う	合図者 運転者
	作業手順	**3．フックを下げ、停止する**							
		①身長よりやや高い位置まで	・フックが振れて作業員に激突する	1	2	3	②	・２ｍ程度として決して頭に当たらないように止める	合図者
	作業手順	**4．玉掛けをする**							
		①荷の重心を見て ②吊り角度は30度以上60度未満 ③シャックルを使用する	・確実な玉掛けをしなかったので、巻上げの際、荷崩れを起こし作業員に激突する	1	3	4	③	・確実にシャックルを使用して玉掛けする	玉掛け者
	作業手順	**5．ワイヤを効かせる**							
		①介錯ロープを付け ②微動巻上げの合図で	・ワイヤと鋼管の間に指を入れて巻上げて、指を挟む	1	3	4	③	・鋼管とワイヤの間に指を入れない	玉掛け者

作業区分		急所	危険性又は有害性	可能性	重大性	評価	優先度	危険性又は有害性の除去・低減対策	実施者
本作業	作業手順	6．地切りをする							
		①補助者を避難させて ②微動巻上げの合図で	・巻上げの際、鋼管が振れて作業員に激突する	1	3	4	③	・確実に地切りを行い鋼管が安定してから移動 ・「3・3・3運動」を実施する	作業員 合図者
	作業手順	7．鋼管を番線で再度堅固に結束し束ねる							
		①鋼管がすり抜けないか確認	・巻上げの際、鋼管がすり抜けて落下し作業員に当たる	1	3	4	③	・鋼管の束を確実に番線で結束する	作業員
	作業手順	8．巻上げる							
		①介錯ロープで誘導し ②吊り荷から3m離れ ③周囲の作業員へ注意喚起して	・荷崩れを起こし、鋼管が作業員に当たる ・鋼管が落下して挟まれる	1 1	3 3	4 4	③ ③	・吊り荷から3m以上離れ介錯ロープで誘導する ・玉掛けは確実に行う	作業員 合図者 玉掛け者
	作業手順	9．地上部まで移動し、一旦停止する							
		①吊り荷の下に他作業員が立入らないよう注意喚起をして ②巻下げ、旋回等のスピードは早くならぬよう誘導する ③台木の20cm上で ④荷の位置、方向を直して	・障害物と接触し鋼管が落下し作業員に当たる ・スピードを上げたため荷が振れて落下する	1 1	3 3	4 4	③ ③	・吊り荷が通る下の作業員を退避させる ・合図は1人ではっきりと行う	職長 合図者
	作業手順	10．台木を直す							
		①玉掛けワイヤの位置により	・台木から荷が外れて鋼管に挟まれる	1	3	4	③	・台木は適正なものを使用する	作業員
	作業手順	11．降ろす							
		①微動巻下げの合図で ②荷から手を離して	・合図が曖昧で、既存物に吊り荷が当たり落下する	1	3	4	③	・合図は1人ではっきりと行う	合図者

「玉掛け作業の　3・3・3運動」
- 玉掛け者が玉掛けをしてから、クレーン操作者が地切りをするまで、3秒待つ
- 地切りのときは、30cm以内の高さで一旦停止する
- 玉掛け者は、荷物から3m離れる

作業区分		急所	危険性又は有害性	可能性	重大性	評価	優先度	危険性又は有害性の除去・低減対策	実施者
本作業	作業手順	**12. 荷の座りを見る**							
		①ワイヤが緩んだ状態で ②2方向から	・荷崩れを起こし、作業員が鋼管に挟まれる	1	3	4	③	・荷の座りは確実に確認する	合図者
	作業手順	**13. 巻下げて、フックから玉掛け用ワイヤを外す**							
		①フックを2m程度まで巻下げ	・作業中フックが激突する	1	2	3	②	・フックは2m程度で止めて、ワイヤを外す	合図者 玉掛け者
	作業手順	**14. 荷解きをする**							
		①2人で、ゆっくりと	・ワイヤを引き抜いた時荷崩れを起こす	1	3	4	③	・ワイヤはゆっくりと取外しを行う	玉掛け者
	作業手順	**15. 玉掛け用ワイヤを巻上げ次の荷へ移動する**							
		①合図ははっきりと ②既存物への激突防止	・合図が曖昧でフックが既存物に当たる	1	2	3	②	・合図は1人ではっきりと行う	合図者
後始末	作業手順	**1. 点検する**							
		①ワイヤのキンク、型崩れアイを ②シャックル、介錯ロープを							作業員
	作業手順	**2. 玉掛け用具を片付ける**							
		①指定場所へ ②整理して ③キンク等を直して							作業員
	作業手順	**3. 終了報告をする**							
		①職長に ②元請担当者に							作業員 職長

9．搬入トラックからの荷降ろし作業手順書

作　業　名	搬入トラックからの荷降ろし作業	作 業 人 員	3名
作 業 内 容	プラスターボードを荷降ろし、指定場所まで手運搬する作業	保 護 具	ヘルメット、安全靴、手袋、安全帯、メガネ
作 業 機 械	特になし	工具・道具	ほうき
使 用 材 料	プラスターボード	資 格 等	特になし

作業区分		急所	危険性又は有害性	可能性	重大性	評価	優先度	危険性又は有害性の除去・低減対策	実施者
準備作業	作業手順	1．荷降ろし場所の点検をする							
		①作業に支障がないか	・ 散在した不用材で足をくじく	1	2	3	②	・ 不用材を片付ける ・ 整理整頓する	職長
	作業手順	2．運搬経路の点検をする							
		①通路に障害物、段差がないか	・ 段差につまずき転倒する	1	2	3	②	・ 幅40cm以上のスロープを設ける	職長
	作業手順	3．作業打合せをする							
		①関係者全員が、当日の作業手順書を使用して行う							職長
	作業手順	4．体調・服装・保護具を点検する							
		①参加者の顔色を見て ②保護具の着用状況を確認する	・ 体調不良による不安全行動で負傷する	1	2	3	②	・ 職長は作業員の顔色、健康チェック	職長
	作業手順	5．KYを実施する							
		①作業場所で、全員参加で実施する	・ 現地KYをしなかったため、危険箇所がわからず負傷する	1	3	4	③	・ 作業開始前に、現場を見ながら作業手順書に基づいて実施する	作業員

作業区分		急所	危険性又は有害性	可能性	重大性	評価	優先度	危険性又は有害性の除去・低減対策	実施者
準備作業	作業手順	6．安全設備を設置する							
		①第三者立入禁止措置をカラーコーン等で設置する	・作業区域に第三者が入り負傷する	1	3	4	③	・第三者が作業区域に入らないよう立入禁止措置をし、表示する	作業員
本作業	作業手順	1．ウィング扉を運転手が開く							
		①荷室内の荷崩れ	・運送中に荷崩れし、扉を開けると荷が崩れ落ちて当たる	2	3	5	④	・ウィング扉を一気に開けず、少し開けて内部の荷崩れの有無を確認する ・作業員は、荷台から離れて待機する	運転手 作業員
	作業手順	2．ボードを荷降ろしする							
		①手が挟まれないよう運搬枚数を決めておく	・ボード材に手を挟む	1	2	3	②	・ボードを少しずらして起こし手をかける	作業員
	作業手順	3．荷を持ち上げて担ぐ							
		①足を広げて（肩幅） ②腰を落として	・無理な姿勢で持ち上げ腰を痛める	3	3	6	⑤	・荷を担ぐときは、足は肩幅で腰を十分に落とし、肩に担ぐ	作業員

作業区分		急所	危険性又は有害性	可能性	重大性	評価	優先度	危険性又は有害性の除去・低減対策	実施者
本作業	作業手順	**4．荷を運搬する**							
		①足元の１ｍ先をみる	・ 段差につまずき転倒する	2	3	5	④	・ 作業開始前に資材を片付け安全な通路を確保する	作業員
			・ 散在した資材に足を引っ掛け転倒する	2	3	5	④	・ 足元を見ながら運搬する	作業員
	作業手順	**5．荷を降ろす**							
		①腰を落として ②ゆっくりと	・ 降ろす姿勢が悪く腰を痛める	2	2	4	③	・ 荷を降ろすときは、腰を十分に落とし、ゆっくり肩から降ろす	作業員
後始末	作業手順	**1．作業場所の掃除をする**							
		①ほうきで	・ 掃除中に舞い上ったホコリが目に入る	2	1	3	②	・ 掃除中は、メガネを使用する	作業員
	作業手順	**2．終了報告をする**							
		①片付けをし、整理整頓を確認し、元請職員に報告する							職長

― 58 ―

こんな災害にも注意を！

敷鉄板をバックホウで積み込む際、滑り落ちて作業員に接触し負傷

10．ＡＬＣ版の荷降ろし・荷揚げ作業手順書

作 業 名	ＡＬＣ版の荷降ろし・荷揚げ作業	作 業 人 員	4名
作 業 内 容	定置式クレーンでＡＬＣ版を荷降ろし、8階最上階に揚重する作業	保 護 具	ヘルメット、安全靴、手袋、安全帯、メガネ
作 業 機 械	定置式クレーン	工具・道具	ラチェット、ほうき、玉掛け用ワイヤロープ、ベルトスリング
使 用 材 料	ＡＬＣ版	資 格 等	玉掛け技能講習、クレーン運転士

作業区分		急所	危険性又は有害性	可能性	重大性	評価	優先度	危険性又は有害性の除去・低減対策	実施者
準備作業	作業手順	**1．玉掛け用ワイヤロープを点検する**							
		①素線の切断の有無 ②荷の重量に適切な太さか	・吊り揚げ中にワイヤが切れて荷が落下する	2	2	4	③	・素線の10％以上が切れていたら交換する	玉掛け者
	作業手順	**2．荷降ろし場所を確認する**							
		①整理整頓、不用材有無等、作業に支障がないか	・散在した不用材で足をくじく	1	2	3	②	・不用材を片付ける ・作業開始前に整理整頓を図る	職長作業員
	作業手順	**3．作業打合せをする**							
		①関係者全員が、当日の作業手順書を使用して確認を行う							職長
	作業手順	**4．体調・服装・保護具を点検する**							
		①参加者の顔色を見て保護具の着用状況を確認する	・体調不良による不安全行動で負傷する	1	2	3	②	・職長は作業員の顔色、健康チェックを行う	職長
	作業手順	**5．ＫＹを実施する**							
		①作業場所で、全員参加で実施する	・現地ＫＹをしなかったため、危険個所がわからず負傷する	1	3	4	③	・作業開始前に、現場を見ながら作業手順書に基づいて実施する	作業員

作業区分		急所	危険性又は有害性	可能性	重大性	評価	優先度	危険性又は有害性の除去・低減対策	実施者
準備作業	**作業手順**	**6．安全設備を設置する**							
		①第三者立入禁止措置を、カラーコーン等で設置する	・作業区域に第三者が入り負傷する	1	3	4	③	・第三者が作業区域に入らないよう立入禁止措置をし、表示する	作業員
本作業	**作業手順**	**1．玉掛けをする**							
		①荷の重心を確認し重心の位置にフックがくるように行う ②少し吊り上げ荷の傾き、玉掛けの位置を確認する ③介錯ロープを掛ける	・吊り上げ中に荷が傾き荷崩れし、荷が落下して当たる	3	3	6	⑤	・玉掛け後、15cm位吊り上げ、荷の傾き、ワイヤが外れないか点検する	玉掛け者
								・玉掛け作業の3・3・3運動を実施する	合図者
	作業手順	**2．荷を吊り上げる**							
		①背丈を越えたら吊り荷の下から退避する	・ワイヤが切れて荷崩れし、荷が落下する	2	3	5	④	・背丈を越えたら吊り荷の下から退避する ・作業開始前にワイヤを点検し不良品は廃棄する	作業員 玉掛け者

「玉掛け作業の 3・3・3運動」
・玉掛け者が玉掛けをしてから、クレーン操作者が地切りをするまで、3秒待つ
・地切りのときは、30cm以内の高さで一旦停止する
・玉掛け者は、荷物から3m離れる

作業区分		急所	危険性又は有害性	可能性	重大性	評価	優先度	危険性又は有害性の除去・低減対策	実施者
本作業	作業手順	**3．吊り荷を所定の位置に降ろす**							
		①介錯ロープで誘導する	・ 吊り荷に振られて墜落する	2	3	5	④	・ 床端部で荷取りするときは安全帯を使用する	作業員
		②枕木を降ろす位置に配置する	・ 吊り荷を誘導中に不用材につまずき転倒する	2	3	5	④	・ 吊り荷に手を掛けず、介錯ロープで誘導する ・ 作業開始前に資材を片付け安全な作業場所を確保する	作業員 作業員
	作業手順	**4．吊り荷を降ろす**							
		①枕木の上に降ろす ②ワイヤを外す							合図者 玉掛け者
後始末	作業手順	**1．作業場所の掃除をする**							
		①ほうきで	・ 掃除中に舞い上がったホコリが目に入る	2	1	3	②	・ 掃除中は、メガネを使用する	作業員

－ 62 －

作業区分		急所	危険性又は有害性	可能性	重大性	評価	優先度	危険性又は有害性の除去・低減対策	実施者
後始末	作業手順	**2．機械・工具を片付ける**							
		①点検して	・放置した玉掛けワイヤに接触して負傷する	2	2	4	③	・クレーン使用後には、玉掛けワイヤを片付ける	作業員
	作業手順	**3．終了報告をする**							
		①片付けし、整理整頓を確認し元請職員に報告する							職長

使用禁止基準ワイヤロープ

さび　うねり　マイナスキンク　プラスキンク　断線　つぶれ

ワイヤロープ点検事項

点検事項 / 項目	使用の限度	使用の限度例	図解
摩耗	公称径の7％以上細くなった時	公称10ミリのワイヤロープの時は、9.3ミリが使用の限度となる	誤った測り方　正しい測り方
素線切れ	1よりの間で素線の数が10％以上切断した時	6×24＝144本のワイヤロープの時は14本まで	1より
キンク	ヨジレや曲がったもの	矯正しても元のヨリにもどらないもの	
形くずれ	ロープ姿がくずれたもの	矯正しても元の姿に復せず著しい変形のあるもの	
心綱	① 心綱のはみ出したもの ② 焼けたもの	① よりがもどって心綱のはみ出したもの（笑い） ② 表面の素線が焼けて変色しているもの	
腐食	赤錆等の生じたもの	油切れにより腐食が進んだもの	
端末止め部	異常のあるもの	① 素線が切れて逆だったもの ② さつま加工がゆるみをおびたもの ③ 圧縮止め部がゆるみをおびかけたもの	

11．ＬＧＳ材の荷降ろし・荷揚げ作業手順書

作　業　名	ＬＧＳ材の積込み・揚重・荷降ろし、指定場所への手運搬作業	作業人員	2名
作業内容	ＬＧＳ材をＬＳＥ（ロングスパンエレベータ）で20階ステージまで揚重し、手運搬にて指定場所まで配る作業	保護具	ヘルメット、安全靴、手袋、安全帯、メガネ
作業機械	フォークリフト（最大荷重1ｔ未満）	工具・道具	可搬式作業台、ほうき
使用材料	ＬＧＳ材	資格等	フォークリフト運転者

作業区分		急所	危険性又は有害性	可能性	重大性	評価	優先度	危険性又は有害性の除去・低減対策	実施者
準備作業	作業手順	**1．荷降ろし場所を確認する**							
		①作業に支障がないか ②置くスペースは十分か	・散在した不用材で足をくじく	1	2	3	②	・不用材を片付ける ・作業開始前に整理整頓を図る	職長 作業員
	作業手順	**2．運搬経路の点検をする**							
		①通路に障害物、段差がないか	・段差につまずき転倒する	1	2	3	②	・幅40cm以上のスロープを設け、段差を解消する	職長
	作業手順	**3．作業打合せをする**							
		①関係者全員が、当日の作業手順書を使用して確認を行う							職長 作業員
	作業手順	**4．体調・服装・保護具を点検する**							
		①参加者の顔色を見て保護具の着用状況を確認する	・体調不良による不安全行動で負傷する	1	2	3	②	・職長は作業員の顔色、健康チェックをする	職長
	作業手順	**5．ＫＹを実施する**							
		①作業場所で、全員参加で実施する	・現地ＫＹをしなかったため、危険箇所がわからず負傷する	1	3	4	③	・作業開始前に、現場を見ながら作業手順書に基づいて実施する	作業員

― 64 ―

作業区分		急所	危険性又は有害性	可能性	重大性	評価	優先度	危険性又は有害性の除去・低減対策	実施者
準備作業	作業手順	**6．安全設備を設置する**							
		①第三者立入禁止措置を、カラーコーン等で設置する	・作業区域に第三者が入り負傷する	1	3	4	③	・第三者が作業区域に入らないよう立入禁止措置をし、表示する	作業員
本作業	作業手順	**1．可搬式作業台を使用し、搬入トラックとＬＧＳ材の固定ロープを外す**							
		①可搬式作業台を使用する	・固定ロープを解く際に、バランスを崩し可搬式作業台から落ちる	2	3	5	④	・可搬式作業台は、感知バーを有効にし、身を乗り出す作業をしない	運転者
	作業手順	**2．搬入トラックよりフォークリフトにてＬＧＳ材を荷降しする**							
		①フォークリフトを使用する ②資格を確認する ③フォークリフト作業内立入禁止	・機械運搬（フォークリフト）については別途「機械運搬作業・作業手順書」（36ページ）参照のこと						運転者
	作業手順	**3．人力にてＬＳＥ（ロングスパンエレベータ）にＬＧＳ材を積み込む**							
		①端部に気をつけて持つ	・選り分けるとき端部の角で手を切る	2	1	3	②	・手袋をはめて作業する	作業員
		②前屈みで持ち上げると腰を痛める	・前屈みで持ち上げ腰を痛める	2	2	4	③	・荷を担ぐときは中央部を持ち足は前へ踏み出し、腰を十分に落として、しっかりつかみ、担ぎ上げる	作業員
		③手でしっかりつかむ ④荷の中心（重心の位置）で担ぐ	・手がすべり、落として足に当たる	2	2	4	③		

作業区分		急所	危険性又は有害性	可能性	重大性	評価	優先度	危険性又は有害性の除去・低減対策	実施者
本作業	作業手順	**4．ＬＳＥ（ロングスパンエレベータ）にて、20階のステージまで揚重する**							
		①ＬＳＥを使用する ②ＬＳＥ運転の選任者かを確認する	・リミッターを無効にし、災害を誘発する ＜予想される災害＞ ・ＬＳＥと躯体との間に頭部を挟まれる ・開放した蛇腹ゲートから墜落する ・搭乗部以外に乗り、飛来・落下災害にあう	2	3	5	④	・必ずリミッターを有効にする	運転者
	作業手順	**5．ＬＧＳ材を作業場所に運搬（肩に担ぐ）する**							
		①端部に気をつけて持つ	・選り分けるとき端部の角で手を切る	2	1	3	②	・手袋をはめて作業する	作業員
		②前屈みで持ち上げると腰を痛める	・前屈みで持ち上げ腰を痛める	2	2	4	③	・荷を担ぐときは中央部を持ち足は前へ踏み出し、腰を十分に落として、しっかりつかみ、担ぎ上げる	作業員
		③手でしっかりつかむ ④荷の中心（重心の位置）で担ぐ	・手がすべり、落として足に当たる	2	2	4	③		
	作業手順	**6．不ぞろいのものは、長さを合わせ結束して運搬**							
		①無理せず、長さ、種類をそろえ結束する	・不ぞろいのものを担いで移動中に荷がバラけ足に落とす	2	3	5	④	・長さ、形をそろえ、端部2箇所を結束する	作業員
	作業手順	**7．ＬＧＳ材を指定の場所へ運搬する**							
		①1回の運ぶ数量以上は担がない	・ＬＧＳ材の運搬中に他の作業員にＬＧＳ材が当たりケガをさせる	2	3	5	④	・他の作業員がいたら声を掛け、注意をうながし通路をあけてもらう	作業員
		②運搬中は周囲の作業員に当たらないようにする	・通路上の資機材、電線やピットに足をとられ転倒しケガをする	2	3	5	④	・作業開始前に運搬経路を確認し、不用材の片付け、整理整頓を図り、安全な作業通路を確保する	職長 作業員
		③通路上の資機材につまずかないよう足元を確認する							

LGS材を担いで移動中に給排水管用ピット部に足を落として転倒した

LGS材5本（約11.4kg）　ケーブル・コード類　給排水管用ピット部　通路

作業区分		急所	危険性又は有害性	可能性	重大性	評価	優先度	危険性又は有害性の除去・低減対策	実施者
本作業	作業手順	8．LGS材を降ろす							
		①床の養生を行う	・LGS材を降ろしたときに、床とLGS材に指を挟まれる	2	2	4	③	・LGS材の長さに応じて枕木を平行に敷き、その上に降ろす	作業員
		②積み重ねるときは、荷崩れがないように長さ等をそろえる	・LGS材に当たり荷崩れして、足を挟まれる	3	2	5	④	・LGS材の長さをそろえ、積み重ね結束をする	作業員
後始末	作業手順	1．作業場所の掃除をする							
		①ほうきで	・掃除中に舞い上がったホコリが目に入る	2	1	3	②	・掃除中は、メガネを使用する	作業員
	作業手順	2．機械・工具を片付ける							
		①LSEを1階に戻す							作業員運転者
	作業手順	3．終了報告をする							
		①片付けし、整理整頓を確認し元請職員に報告する							職長

12. 玉掛け作業（玉掛け用ワイヤロープのみ使用）の作業手順書

作 業 名	玉掛け作業（玉掛け用ワイヤロープのみ使用）	作業人員	5名
作業内容	移動式クレーンを用いての玉掛け作業	保 護 具	ヘルメット、安全靴、手袋
作業機械	移動式クレーン	工具・道具	玉掛け用ワイヤロープ、ナイロンスリング、番線カッター、シノ、無線機
使用材料	単管パイプ、型枠材、番線	資 格 等	移動式クレーン運転士、玉掛け技能講習

作業区分		急所	危険性又は有害性	可能性	重大性	評価	優先度	危険性又は有害性の除去・低減対策	実施者
準備作業	作業手順	**1．作業前のミーティング**							
		①新規入場者のチェックをする ②各自の健康状態をチェックする ③高所作業での適正配置 ④作業の範囲、方法、手順、安全対策等を確認する ⑤各自作業前に安全確認の上作業を行う	・混在作業による挟まれ・巻き込まれが災害する	3	2	5	④	・作業打合せでの調整、決定事項を全員に周知する ・作業の分担を決め、方法、手順を全員で確認する	職長 作業員
	作業手順	**2．作業場所の点検をする**							
		①作業通路を確認する ②吊り荷の移動範囲に、支障になるものがないか確認する（架空線、その他資機材） ③クレーンの設置地盤を確認する	・移動時につまずいて転倒する ・架空線を切断する ・クレーンが転倒する	3	3	6	⑤	・通路および作業半径内の支障物の有無を確認する ・設置地盤の強度を確認し、必要に応じた補強を行う	職長 職長 運転者
	作業手順	**3．作業手順ＫＹを行う**							
		①各自の行動目標を決める	・ＫＹ未実施による不安全行動で負傷する	3	2	5	④	・作業内容に合致したＫＹ活動を確実に実施する	職長 全員

— 68 —

作業区分		急所	危険性又は有害性	可能性	重大性	評価	優先度	危険性又は有害性の除去・低減対策	実施者
準備作業	作業手順	**4．玉掛け用具を選定し点検する**							
		①吊り荷の形状・質量を確認し、必要な径・長さ・本数を選ぶ ②損傷・変形・ねじれ・磨耗の有無を点検する	・ワイヤが切断し吊り荷が落下する	1	3	4	③	・荷の形状・重量に適した玉掛けワイヤを選定する ・損傷・変形・ねじれ・磨耗のあるものは、切断し破棄する	玉掛け者
	作業手順	**5．クレーンを呼び、セットする**							
		①第三者の作業区域への立ち入りを禁止する	・第三者が立ち入り挟まれ・巻き込まれで負傷する	2	3	5	④	・立入禁止の措置を行う	合図者 職長
		②無線機のチャンネルを合わせテストする	・合図が通じず事故になる	3	2	5	④	・無線機のバッテリーをチェックし、チャンネルを合わせテストする	合図者 運転者
本作業	作業手順	**1．フックを誘導する**							
		①荷を指差しフックを荷の重心の上に誘導する	・フックが体に激突し負傷する	1	1	2	①	・合図を明確に行う ・荷を指差しフックを荷の真上に誘導する	合図者
	作業手順	**2．荷に玉掛けする**							
		①重心位置を合わせ、荷崩れのないようにする ②足元に注意する ③介錯ロープをつける ④手指を挟まれないようにする ※単管パイプは、番線で固縛する	・バランスが悪く荷が崩れて負傷する ・荷の角でワイヤが切断して荷が落下し負傷する ・玉掛けワイヤが掛けた位置からずれてバランスを崩して荷が落下する	2	3	5	④	・吊り荷のバランスを見極める ・角張った物には当て物をする ・玉掛けワイヤが掛けた位置から滑らないことを確認する	玉掛け者

― 69 ―

作業区分		急所	危険性又は有害性	可能性	重大性	評価	優先度	危険性又は有害性の除去・低減対策	実施者
本作業	作業手順	**3．フックに玉掛け用ワイヤを掛ける**							
		①ワイヤのねじれ、アイの交差がないようにする	・フックからワイヤが外れ荷が落下して負傷する	2	1	3	②	・玉掛けワイヤの状況を確認する ・フックの外れ防止が働いていることを確認する	玉掛け者
	作業手順	**4．微動巻上げの合図をする**							
		①クレーンのワイヤ・フックが垂直になっているか ②玉掛け位置がずれないように、徐々に巻き上げる ③玉掛け用ワイヤが均一に張っているか ④関係作業員の位置を確認する	・玉掛けワイヤを持っていて手が巻き込まれる ・玉掛けワイヤの吊り角度が悪くワイヤが切断し荷が落下する ・吊り荷がブレて激突される	2	1	3	②	・玉掛けワイヤを手で握らない ・玉掛けワイヤの吊り角度を確認する ・関係作業員を退避させる	合図者 玉掛け者

— 70 —

作業区分	急所	危険性又は有害性	可能性	重大性	評価	優先度	危険性又は有害性の除去・低減対策	実施者
	作業手順 5．地切り直前の一旦停止の合図をする							
	①荷の状態を見ながら床上30cmまで巻き上げる ※『3・3・3運動』を取り入れる 「玉掛け作業の　3・3・3運動」 ・玉掛け者が玉掛けをしてから、クレーン操作者が地切りをするまで、3秒待つ ・地切りのときは、30cm以内の高さで一旦停止する ・玉掛け者は、荷物から3m離れる	・吊り荷がブレて激突され負傷する ・バランスが悪く荷が崩れて負傷する	3	2	5	④	・介錯ロープを使用する ・吊り荷から3.0m以上離れ退避する ・3秒停止し吊り荷の安定、玉掛けの状態を前後左右から確認する	合図者 玉掛け者
	作業手順 6．巻き上げの合図をする							
本作業	①荷が周囲の物に当たらないか注意する ②安全に移動できる高さまで巻き上げる	・吊り荷が支障物に当たり荷が落下する	2	2	4	③	・介錯ロープを使用する	合図者
	作業手順 7．目的の場所まで吊り荷を移動する							
	①移動先を指示する ②移動方向に他の作業員がいないか確認する ③吊り荷の移動中を警報で周知する ④降ろす場所の状態は良いか ⑤枕材等の準備は良いか ⑥関係作業員の退避を確認する ⑦周辺の物に当たらないか注意する	・吊り荷が落下、荷崩れして負傷する	2	3	5	④	・関係作業員を安全な場所へ退避させる ・吊り荷の通る下の作業員を退避させる	合図者

— 71 —

作業区分	急所	危険性又は有害性	可能性	重大性	評価	優先度	危険性又は有害性の除去・低減対策	実施者
	作業手順 8．巻き下げの合図をする							
	①荷の状態を見ながら	・挟まれ・巻き込まれ ・荷崩れ	2	3	5	④	・介錯ロープを使用する	合図者
	作業手順 9．着地前の一旦停止の合図をする							
	①荷の向きを正しく直す ②枕材の位置を確認する	・玉掛けワイヤが吊り荷と枕材に挟まり抜けなくなり、ワイヤを外すときに荷崩れする	2	2	4	③	・介錯ロープを使用する ・荷と枕材の位置を確認する	合図者 玉掛け者
	作業手順 10．微動巻き下げの合図をする							
	①荷の状態を見ながら着地させる ②玉掛け用ワイヤが枕材に挟まれていないか確認する	・吊り荷がブレて激突され負傷する	2	2	4	③	・声を掛け合い確認する	合図者 玉掛け者
	作業手順 11．微動巻き下げで停止する							
	①玉掛け用ワイヤが少し緩んだ状態で荷の安定を確認する	・吊り荷が崩れて激突され負傷する	2	2	4	③	・声を掛け合い確認する ・荷の安定を確認する	合図者 玉掛け者
	作業手順 12．フックから玉掛け用ワイヤを外す							
	①フックが完全に停止してから ②玉掛けワイヤを完全に外す	・吊り荷が崩れて激突され負傷する	2	2	4	③	・荷の安定を確認する	玉掛け者
	作業手順 13．荷から玉掛け用ワイヤを外す							
	①荷を確認しながら手で玉掛けワイヤを外す	・玉掛け用ワイヤを無理に引っ張り荷が崩れて激突される	2	3	5	④	・声を掛け合い確認する	玉掛け者

作業区分	急所	危険性又は有害性	可能性	重大性	評価	優先度	危険性又は有害性の除去・低減対策	実施者
本作業		・玉掛け用ワイヤを無理に引っ張り体制が崩れて転倒する						
後始末	作業手順 1．玉掛け用具を片付ける							
	①所定の場所に片付ける ②損傷・変形・ねじれ・磨耗の有無を点検する						・損傷・変形・ねじれ・磨耗のあるものは、切断し破棄する	玉掛け者
	作業手順 2．クレーンを帰す							
	①出入口での一旦停止	・左右の確認不足で第三者と接触する	2	3	5	④	・合図を明確に行う ・左右の安全確認をし合図で走行する	合図者 運転者

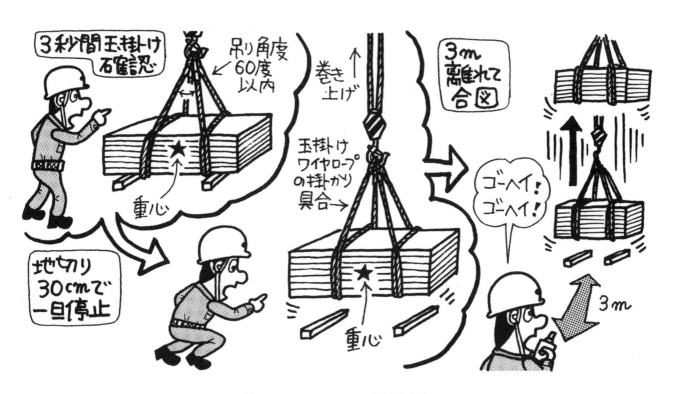

【3・3・3運動】

13．玉掛け作業（玉掛け用ワイヤ＋クランプ）の作業手順書

作 業 名	玉掛け作業（玉掛け用ワイヤ＋クランプ使用）	作 業 人 員	5名
作 業 内 容	移動式クレーンを用いての玉掛け作業（クランプ使用）	保 護 具	ヘルメット、安全靴、手袋
作 業 機 械	移動式クレーン	工具・道具	玉掛けワイヤ、クランプ、無線機
使 用 材 料	H鋼、C鋼等	資 格 等	移動式クレーン運転士、玉掛け作業技能講習

作業区分		急所	危険性又は有害性	可能性	重大性	評価	優先度	危険性又は有害性の除去・低減対策	実施者
準備作業	作業手順	**1．作業前のミーティング**							
		①新規入場者のチェックをする ②各自の健康状態をチェックする ③高所作業での適正配置 ④作業の分担を決め、方法、手順を全員で確認する ⑤各自作業前に安全確認の上作業を行う	・混在作業による挟まれ・巻き込まれ災害が発生する	3	2	5	④	・作業打合せでの調整、決定事項を全員に周知する ・作業の範囲、方法、手順、安全対策等を確認する	作業員
	作業手順	**2．作業場所の点検をする**							
		①作業通路を確認する ②吊り荷の移動範囲に、支障になるものが無いか確認する（架空線、その他資機材） ③クレーンの設置地盤を確認する	・移動時につまずいて転倒する ・架空線を切断する ・クレーンが転倒する	3	3	6	⑤	・通路および作業半径内の支障物の有無を確認する ・設置地盤の強度を確認し、必要に応じた補強を行う	職長 職長 運転者
	作業手順	**3．作業手順KYを行う**							
		①各自の行動目標を決める	・KY未実施による不安全行動で負傷する	3	2	5	④	・作業内容に合致したKY活動を確実に実施する	職長 作業員

－74－

作業区分		急所	危険性又は有害性	可能性	重大性	評価	優先度	危険性又は有害性の除去・低減対策	実施者
準備作業	作業手順	**4．玉掛け用具を選定し点検する**							
		①吊り荷の形状・質量を確認し、必要な径・長さ・本数を選ぶ ②損傷・変形・ねじれ・磨耗の有無を点検する ③クランプの使用荷重を確認する ④クランプのストッパーに遊びがないか点検する	・玉掛けワイヤが切断し吊り荷が落下する ・クランプが外れて吊り荷が落下する	3	3	6	⑤	・荷の形状・重量に適した玉掛けワイヤおよびクランプを選定する ・損傷・変形・ねじれ・磨耗のあるものは、切断し破棄する ・ストッパーに遊びのあるものは破棄する	玉掛け者
	作業手順	**5．クレーンを呼び、セットする**							
		①第三者の作業区域への立ち入りを禁止する ②無線機のチャンネルを合わせテストする	・第三者が立ち入り挟まれ・巻き込まれる ・合図が通じず事故になる	2 3	3 2	5 5	④ ④	・立入禁止の措置を行う ・無線機のバッテリーをチェックし、チャンネルを合わせテストする	職長 合図者 運転者
本作業	作業手順	**1．フックを誘導する**							
		①荷を指差しフックを荷の重心の上に誘導する ②玉掛けしやすい高さに合わせる	・フックが体に激突し負傷する	1	1	2	①	・合図を明確に行う ・荷を指差しフックを荷の真上に誘導する	合図者

重心の真上にフックを誘導する！

作業区分		急所	危険性又は有害性	可能性	重大性	評価	優先度	危険性又は有害性の除去・低減対策	実施者
本作業	作業手順	**2．荷に玉掛けする**							
		①手指を挟まれないようにする ②重心位置を合わせ、荷崩れのないようにする ③吊り方向に合ったクランプを使用する ④クランプのストッパーを必ず掛ける ⑤足元に注意する ⑥介錯ロープをつける	・バランスが悪く荷が崩れる ・吊り方向が違うクランプを使用して荷が抜け落下する ・クランプが掛けた位置からずれてバランスを崩して荷が落下する	2	3	5	④	・吊り荷のバランスを見極める ・吊り方向の合ったクランプを使用する ・クランプが掛けた位置から滑らないことを確認する	玉掛け者
			つりクランプ 横吊専用　縦吊専用　全方向吊用						
	作業手順	**3．フックに玉掛け用ワイヤを掛ける**							
		①ワイヤのねじれ、アイの交差がないようにする	・フックからワイヤが外れ荷が落下する	2	1	3	②	・玉掛けワイヤの状況を確認する ・フックの外れ防止が働いていることを確認する	玉掛け者
	作業手順	**4．微動巻上げの合図をする**							
		①クレーンのワイヤ・フックが垂直になっているか ②玉掛け位置がずれないように、徐々に巻き上げる ③玉掛け用ワイヤが均一に張っているか ④関係作業員の位置を確認する	・吊り荷がブレて激突され負傷する ・玉掛けワイヤを持っていて巻き込まれ負傷する ・玉掛けワイヤの吊り角度が悪くワイヤが切断し荷が落下する	2	1	3	②	・玉掛けワイヤを手で握らない ・玉掛けワイヤの吊り角度を確認する ・関係作業員を退避させる	合図者 玉掛け者
			わわわ！重心がとれない！ 地切りした！						

作業区分	急所	危険性又は有害性	可能性	重大性	評価	優先度	危険性又は有害性の除去・低減対策	実施者
作業手順	**5．地切り直前の一旦停止の合図をする**							
	①荷の状態を見ながら床上30cmまで巻き上げる ※『3・3・3運動』を取り入れる	・吊り荷がブレて激突され負傷する ・バランスが悪く荷が崩れて負傷する	3	2	5	④	・介錯ロープを使用する ・吊り荷から3.0m以上離れ退避する ・3秒停止し吊り荷の安定、玉掛けの状態を前後左右から確認する	合図者 玉掛け者
	「**玉掛け作業の 3・3・3運動**」 ・玉掛け者が玉掛けをしてから、クレーン操作者が地切りをするまで、3秒待つ ・地切りのときは、30cm以内の高さで一旦停止する ・玉掛け者は、荷物から3m離れる							
作業手順	**6．巻き上げの合図をする**							
	①荷が周囲の物に当たらないか注意する ②安全に移動できる高さで	・吊り荷が支障物に当たり荷が落下する	2	2	4	③	・介錯ロープを使用する	合図者
作業手順	**7．目的の場所まで吊り荷を移動する**							
本作業	①移動先を指示する ②移動方向に他の作業員がいないか確認する ③吊り荷の移動中を警報で周知する ④降ろす場所の状態は良いか ⑤枕材等の準備は良いか	・吊り荷が落下、荷崩れして負傷する	2	3	5	④	・関係作業員を安全な場所へ退避させる ・吊り荷の通る下の作業員を退避させる	合図者
	⑥関係作業員の退避を確認する ⑦周辺の物に当たらないか注意する	・吊り荷が落下、荷崩れして負傷する	2	3	5	④	・関係作業員を安全な場所へ退避させる ・吊り荷の通る下の作業員を退避させる	合図者

作業区分	急所	危険性又は有害性	可能性	重大性	評価	優先度	危険性又は有害性の除去・低減対策	実施者
	作業手順 8. 巻き下げの合図をする							
	①荷の状態を見ながら	・挟まれ・巻き込まれ ・荷崩れ	2	3	5	④	・介錯ロープを使用する	合図者
	作業手順 9. 着地前の一旦停止の合図をする							
本作業	①荷の向きを正しく直す ②枕材の位置を確認する	・玉掛けワイヤが吊り荷と枕材に挟まり抜けなくなり、ワイヤを外すときに荷崩れする	2	2	4	③	・介錯ロープを使用する ・荷と枕材の位置を確認する	合図者 玉掛け者
	作業手順 10. 微動巻き下げの合図をする							
	①荷の状態を見ながら着地させる ②玉掛けワイヤが枕材に挟まれていないか確認する	・吊り荷がブレて激突され負傷する	2	2	4	③	・声を掛け合い確認する	合図者 玉掛け者
	作業手順 11. 微動巻き下げで停止する							
	①玉掛けワイヤが少し緩んだ状態で荷の安定を確認する	・吊り荷が崩れて激突され負傷する	2	2	4	③	・声を掛け合い確認する ・荷の安定を確認する	合図者 玉掛け者
	作業手順 12. フックから玉掛け用ワイヤロープを外す							
	①フックが完全に停止してから玉掛けワイヤを完全に外す	・吊り荷が崩れて激突され負傷する	2	2	4	③	・荷の安定を確認する	玉掛け者
	作業手順 13. 荷からクランプを外す							
	①荷を確認しながらクランプを外す	・クランプが荷に引っ掛かり崩れて負傷する	2	3	5	④	・はずしたクランプは手でもち確実に荷から外す	玉掛け者

作業区分	急所	危険性又は有害性	可能性	重大性	評価	優先度	危険性又は有害性の除去・低減対策	実施者
後始末	**作業手順 1．玉掛け用具を片付ける**							
	①所定の場所に片付ける ②損傷・変形・ねじれ・磨耗の有無を点検する						・損傷・変形・ねじれ・磨耗のあるものは、切断し破棄する	玉掛け者
	作業手順 2．クレーンを帰す							
	①出入口での一旦停止	・左右の確認不足で第三者と接触する	2	3	5	④	・合図を明確に行う ・左右の安全確認をし合図で走行する	合図者 運転者

こんな災害にも注意を！

鉄骨梁吊上げ作業中に梁が落下し、足を挟まれる

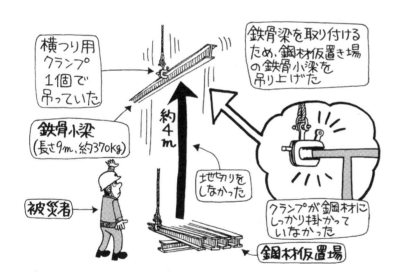

— 79 —

14. 玉掛け作業（玉掛け用ワイヤ＋シャックル）の作業手順書

作　業　名	玉掛け作業（玉掛け用ワイヤ＋シャックル使用）	作 業 人 員	5名
作 業 内 容	移動式クレーンを用いての玉掛け作業（シャックル使用）	保 護 具	ヘルメット、安全靴、手袋
作 業 機 械	移動式クレーン	工具・道具	玉掛けワイヤ、シャックル、番線カッター、シノ、無線機
使 用 材 料	単管パイプ、型枠材、番線	資 格 等	移動式クレーン運転士、玉掛け技能講習

作業区分		急所	危険性又は有害性	可能性	重大性	評価	優先度	危険性又は有害性の除去・低減対策	実施者
準備作業	作業手順	**1．作業前のミーティング**							
		①新規入場者のチェックをする ②各自の健康状態をチェックする ③高所作業での適正配置 ④作業の分担を決め、方法、手順を全員で確認する ⑤各自作業前に安全確認の上作業を行う	・混在作業による挟まれ・巻き込まれ災害が発生する	3	2	5	④	・作業打合せでの調整、決定事項を全員に周知する ・作業の範囲、方法、手順、安全対策等を確認する	作業員
	作業手順	**2．作業場所の点検をする**							
		①作業通路を確認する ②吊り荷の移動範囲に、支障になるものが無いか確認する（架空線、その他資機材） ③クレーンの設置地盤を確認する	・移動時につまずいて転倒する ・架空線を切断する ・クレーンが転倒する	3	3	6	⑤	・通路および作業半径内の支障物の有無を確認する ・設置地盤の強度を確認し、必要に応じた補強を行う	職長 職長 運転者
	作業手順	**3．作業手順ＫＹを行う**							
		①各自の行動目標を決める	・ＫＹ未実施による不安全行動で負傷する	3	2	5	④	・作業内容に合致したＫＹ活動を確実に実施する	職長 作業員
	作業手順	**4．玉掛け用具を選定し点検する**							
		①吊り荷の形状・質量を確認し、必要な径・長さ・本数を選ぶ ②損傷・変形・ねじれ・磨耗の有無を点検する	・玉掛けワイヤが切断し吊り荷が落下して負傷する	1	3	4	③	・荷の形状・重量に適した玉掛けワイヤを選定する ・損傷・変形・ねじれ・磨耗のあるものは、切断し破棄する	玉掛け者

作業区分		急所	危険性又は有害性	可能性	重大性	評価	優先度	危険性又は有害性の除去・低減対策	実施者
準備作業	**作業手順 5．クレーンを呼び、セットする**								
		①合図は運転手から見やすい場所で１人で行う ②第三者の作業区域への立ち入りを禁止する ③無線機のチャンネルを合わせテストする	・第三者が立ち入り挟まれ・巻き込まれる ・合図が通じず事故になる	2 3	3 2	5 5	④ ④	・合図を明確に行う ・立入禁止の措置を行う ・無線機のバッテリーをチェックし、チャンネルを合わせテストする	合図者 職長 合図者 運転者
本作業	**作業手順 1．フックを誘導する**								
		①荷を指差しフックを荷の重心の上に誘導する ②玉掛けしやすい高さに合わせる	・フックが体に激突する	1	1	2	①	・合図を明確に行う ・荷を指差しフックを荷の真上に誘導する	合図者
	作業手順 2．荷に玉掛けする								
		①手指を挟まれないようにする ②重心位置を合わせ、荷崩れのないようにする ③シャックルのボルトは必ず締め切った状態で使用する ④ボルトナットのタイプは、割りピンが割られていることを確認する ⑤足元に注意する ⑥介錯ロープをつける ※単管パイプは、番線で固縛する	・バランスが悪く荷が崩れる ・玉掛けワイヤが掛けた位置からずれてバランスを崩して荷が落下する ・シャックルのボルトが回りはずれて荷が落下する	2	3	5	④	・吊り荷のバランスを見極める ・玉掛けワイヤが掛けた位置から滑らないことを確認する ・シャックルの取り付けは常にボルト側を静索（ワイヤが動かない側）にする	玉掛け者

図「ボルトの回転防止」

シャックルの取り付けは、常にボルト側を静策（ワイヤロープが動かない側）にしてください。		○
ロープが移動すると、ボルトが回転し、増し締めされて、取りはずしが困難になったり、緩んではずれるおそれがあります。		×

作業区分	急所	危険性又は有害性	可能性	重大性	評価	優先度	危険性又は有害性の除去・低減対策	実施者
		図「ゆるみ」 シャックルを使用される前には、必ずねじ又はナットが締めきった状態であることを確認の上お使いください（ボルトナットタイプの場合は、割ピンがワラれていることを確認の上、お使いください）。						
	作業手順 3．フックに玉掛けワイヤを掛ける							
本 作 業	①ワイヤのねじれ、アイの交差がないようにする	・フックからワイヤが外れ荷が落下する	2	1	3	②	・玉掛けワイヤの状況を確認する ・フックの外れ防止が働いていることを確認する	玉掛け者
	作業手順 4．微動巻上げの合図をする							
	①クレーンのワイヤ・フックが垂直になっているか ②玉掛け位置がずれないように、徐々に巻き上げる ③玉掛けワイヤが均一に張っているか ④関係作業員の位置を確認する	・吊り荷がブレて激突される ・玉掛けワイヤを持っていて巻き込まれる ・玉掛けワイヤの吊り角度が悪くワイヤが切断し荷が落下して負傷する	2	1	3	②	・玉掛けワイヤを手で握らない ・玉掛けワイヤの吊り角度を確認する ・関係作業員を退避させる	合図者 玉掛け者

作業区分		急所	危険性又は有害性	可能性	重大性	評価	優先度	危険性又は有害性の除去・低減対策	実施者
本作業	作業手順	**5. 地切り直前の一旦停止の合図をする**							
		①荷の状態を見ながら床上30cmまで巻き上げる ※『3・3・3運動』を取り入れる	・吊り荷がブレて激突される ・バランスが悪く荷が崩れて負傷する	3	2	5	④	・介錯ロープを使用する ・吊り荷から3.0m以上離れ退避する ・3秒停止し吊り荷の安定、玉掛けの状態を前後左右から確認する	合図者 玉掛け者
		「玉掛け作業の 3・3・3運動」 ・玉掛け者が玉掛けをしてから、クレーン操作者が地切りをするまで、3秒待つ ・地切りのときは、30cm以内の高さで一旦停止する ・玉掛け者は、荷物から3m離れる							
	作業手順	**6. 巻き上げの合図をする**							
		①荷が周囲の物に当たらないか注意する	・吊り荷が支障物に当たり荷が落下して負傷する	2	2	4	③	・介錯ロープを使用する	合図者
	作業手順	**7. 目的の場所まで吊り荷を移動する**							
		①移動先を指示する ②移動方向に他の作業員がいないか確認する ③吊り荷の移動中を警報で周知する	・吊り荷が落下、荷崩れする	2	3	5	④	・関係作業員を安全な場所へ退避させる ・吊り荷の通る下の作業員を退避させる	合図者
		④降ろす場所の状態は良いか ⑤枕材等の準備は良いか	・吊り荷が落下、荷崩れして負傷する	2	3	5	④	・関係作業員を安全な場所へ退避させる ・吊り荷の通る下の作業員を退避させる	合図者
		⑥関係作業員の退避を確認する ⑦周辺の物に当たらないか注意する	・吊り荷が落下、荷崩れして負傷する	2	3	5	④	・関係作業員を安全な場所へ退避させる ・吊り荷の通る下の作業員を退避させる	合図者

作業区分		急所	危険性又は有害性	可能性	重大性	評価	優先度	危険性又は有害性の除去・低減対策	実施者
本作業	作業手順	**8．巻き下げの合図をする**							
		①荷の状態を見ながら	・挟まれ・巻き込まれ ・荷崩れ	2	3	5	④	・介錯ロープを使用する	合図者
	作業手順	**9．着地前の一旦停止の合図をする**							
		①荷の向きを正しく直す ②枕材の位置を確認する	・玉掛けワイヤが吊り荷と枕材に挟まり抜けなくなり、ワイヤを外すとき荷崩れする	2	2	4	③	・介錯ロープを使用する ・荷と枕材の位置を確認する	合図者 玉掛け者
	作業手順	**10．微動巻き下げの合図をする**							
		①荷の状態を見ながら着地させる ②玉掛けワイヤが枕材に挟まれていないか確認する	・吊り荷がブレて激突される	2	2	4	③	・声を掛け合い確認する	合図者 玉掛け者
	作業手順	**11．微動巻き下げで停止する**							
		①玉掛けワイヤが少し緩んだ状態で荷の安定を確認する	・吊り荷が崩れて激突される	2	2	4	③	・声を掛け合い確認する ・荷の安定を確認する	合図者 玉掛け者
	作業手順	**12．フックから玉掛けワイヤを外す**							
		①フックが完全に停止してから玉掛けワイヤを完全に外す	・吊り荷が崩れて激突される	2	2	4	③	・荷の安定を確認する	玉掛け者
	作業手順	**13．荷から玉掛けワイヤを外す**							
		①荷を確認しながら手で玉掛けワイヤを外す	・玉掛けワイヤを無理に引っ張り荷が崩れて激突される ・玉掛けワイヤを無理に引っ張り体勢が崩れて転倒する	2	3	5	④	・声を掛け合い確認する	玉掛け者

作業区分	急所	危険性又は有害性	可能性	重大性	評価	優先度	危険性又は有害性の除去・低減対策	実施者
後始末	**作業手順 1．玉掛け用具を片付ける**							
	①所定の場所に片付ける ②損傷・変形・ねじれ・磨耗の有無を点検する						・損傷・変形・ねじれ・磨耗のあるものは、切断し破棄する	玉掛け者
	作業手順 2．クレーンを帰す							
	①出入口での一旦停止	・左右の確認不足で第三者と接触する	2	3	5	④	・合図を明確に行う	合図者
							・左右の安全確認をし合図で走行する	運転者

こんな災害にも注意を！

不適切な玉掛けのため荷崩れた鉄骨に挟まれた

15. 脚立単独作業作業手順書

作 業 名	脚立単独作業	作 業 人 員	2名
作 業 内 容	脚立を正しく安全に使うための手順	保 護 具	ヘルメット、安全靴、手袋
作 業 機 械	工種に応じた機械	工具・道具	脚立、荷揚げ袋、荷揚げロープ、フック、工種に応じた工具
使 用 材 料	作業に応じて	資 格 等	なし

作業区分		急所	危険性又は有害性	可能性	重大性	評価	優先度	危険性又は有害性の除去・低減対策	実施者
準備作業	作業手順	**1．作業前のミーティング等**							
		①新規入場者のチェックをする ②当日の各自の健康状態をチェックする ③高所作業における適正配置 ④作業の分担を決め、方法、手順を全員で確認する ⑤ＫＹの実施 ⑥各自作業前に安全確認の上、作業を行う	・混在作業による災害 ・ＫＹ未実施による不安全行動災害が発生する	3	2	5	④	・安全打合せでの調整、決定事項を全員に周知する ・作業の範囲、方法、手順、安全対策等を確認する ・作業内容に合致したＫＹ活動を確実に実施する	職長 作業員
	作業手順	**2．脚立等を選ぶ**							
		①規格寸法の物か ②安全性が確保できるか ③作業性が適正か ④移動が容易か ⑤構造が堅牢か	・作業に不適切な脚立の使用による災害が発生する	2	1	3	②	・作業に適した規格寸法の脚立を選定する	職長 作業員
	作業手順	**3．脚立等を点検する**							
		①各部に損傷・不具合等がないか ②伸縮機能に不備がないか ③踏み台があるか ④脚部に滑り止めがあるか ⑤脚立は、一般社団法人仮設工業会の認定品か	・脚立の損傷等による災害が発生する ・転倒、転落、滑落する ・挟まれる	2	2	4	③	・接続部・脚部等に損傷および不具合がないか点検を確実に行う	職長 作業員

作業区分		急所	危険性又は有害性	可能性	重大性	評価	優先度	危険性又は有害性の除去・低減対策	実施者
準備作業	作業手順	**4．設置箇所を点検する**							
		①設置場所の整理整頓がなされているか ②設置箇所に不具合（沈下、凹凸など）がないか ③開口部に近接していないか、高所あるいは狭隘な場所でないか	・作業に対し不適切な設置による災害（墜落・転落、転倒、滑動）が発生する	2	3	5	④	・設置箇所周辺を整理整頓してから設置する ・脚部が不安定とならないように平坦又は敷板等を設ける ・開口部直近では垂直又は水平ネット養生等を行う ・安全帯を使用する	職長 作業員
	作業手順	**5．設置方法を検討する**							
		①作業に適しているか ②無理な姿勢での作業とならないか ③安全に作業を行えるか ④安定した設置が可能か	・作業に対し不適切な設置による災害（墜落・転落、転倒）が発生する	2	3	5	④	・脚立を正しく設置する	職長 作業員
本作業	作業手順	**1．脚立上で作業を行う**							
		①設置方法が適正か ②開き止めはとまっているか ③３点支持で昇降しているか ④荷を持って昇降していないか ⑤天板に乗っていないか ⑥天板をまたいでいないか ⑦身を乗り出していないか	・作業に対し不適正な使用による災害（墜落・転落、転倒）が発生する	3	3	6	⑤	・天板を含め上から３段目以下の踏み桟に乗り、天板や踏み桟に身体を当て、安定した状態で作業する	作業員

脚立を背にした昇降はしない

【開き止めがとまっていない状態で使用しない】
開き止め金具のロックが不十分な状態で使うと脚が開閉し、転倒や転落の恐れがあります。

【天板に乗らない】
バランスをくずして、転倒や転落の危険があります。

作業区分		急所	危険性又は有害性	可能性	重大性	評価	優先度	危険性又は有害性の除去・低減対策	実施者
本作業								【脚立にまたがらない】バランスをくずして、転倒や転落の危険があります。 【天板に座らない】バランスをくずして、転倒や転落の危険があります。 【脚立から身を乗り出さない】身体を乗り出すとバランスをくずして、転倒や転落の恐れがあります。	
後始末	作業手順	**1. 片付け**							
		①各部の損傷・不具合の点検 ②所定の場所か	・挟まれる	2	1	3	②	・整然と整理して保管する	職長 作業員
	作業手順	**2. 終了報告をする**							
		①片付け、整理整頓を確認し、元請職員に報告する							職長

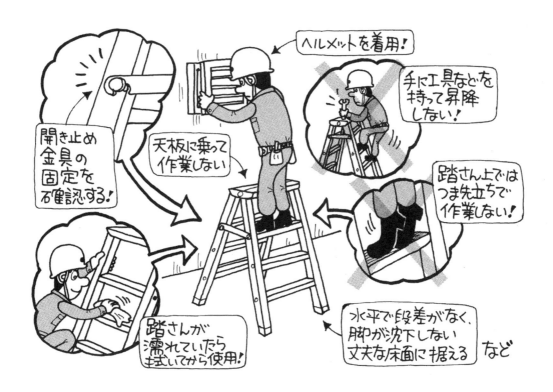

【脚立単独作業】

16. 脚立足場作業作業手順書

作 業 名	脚立足場作業	作 業 人 員	2名
作 業 内 容	脚立足場を正しく安全に使うための手順	保 護 具	ヘルメット、安全靴、手袋
作 業 機 械	工種に応じた機械	工 具・道 具	脚立、足場板、ゴムバンド、工種に応じた工具
使 用 材 料	作業に応じて	資 格 等	足場組立等業務の特別教育

作業区分		急所	危険性又は有害性	可能性	重大性	評価	優先度	危険性又は有害性の除去・低減対策	実施者
準備作業	作業手順	**1．作業前のミーティング等**							
		①新規入場者のチェックをする ②当日の各自の健康状態をチェックする ③高所作業における適正配置 ④作業の分担を決め、方法、手順を全員で確認する ⑤ＫＹの実施 ⑥各自作業前に安全確認の上、作業を行う	・混在作業による災害 ・ＫＹ未実施による不安全行動災害が発生する	3	2	5	④	・安全打合せでの調整、決定事項を全員に周知する ・作業の範囲、方法、手順、安全対策等を確認する ・作業内容に合致したＫＹ活動を確実に実施する	職長 作業員
	作業手順	**2．脚立、足場板等を選ぶ**							
		①規格寸法の物か ②安全性が確保できるか ③作業性が適正か ④移動が容易か ⑤構造が堅牢か	・作業に不適切な脚立の使用による災害が発生する	2	1	3	②	・作業に適した規格寸法の脚立を選定する	職長 作業員
	作業手順	**3．脚立、足場板等を点検する**							
		①各部に損傷・不具合、腐食等がないか ②伸縮機能に不備がないか ③踏み台があるか ④脚部に滑り止めがあるか ⑤脚立は、一般社団法人仮設工業会の認定品か	・脚立の損傷等による災害（転倒・転落、滑落、挟まれ）が発生する	2	2	4	③	・接続部・脚部等に損傷および不具合がないか点検を確実に行う	職長 作業員

－ 90 －

作業区分		急所	危険性又は有害性	可能性	重大性	評価	優先度	危険性又は有害性の除去・低減対策	実施者
	作業手順	**4．設置個所を点検する**							
		①設置場所の整理整頓がなされているか ②設置箇所に不具合（沈下、凹凸など）がないか ③開口部に近接していないか、高所あるいは狭隘な場所でないか ④高さは2m未満か	・作業に対して不適切な設置による災害（墜落・転落、転倒、滑動）が発生する	2	3	5	④	・設置箇所周辺を整理整頓してから設置する ・脚部が不安定とならないように平坦又は敷板等を設ける ・開口部直近では垂直又は水平ネット養生等を行う ・安全帯を使用する	職長 作業員
	作業手順	**5．設置方法を検討する**							
準備作業		①作業に適しているか ②無理な姿勢での作業とならないか ③安全に作業を行えるか ④設置間隔が適正か ⑤安定した設置が可能か	・作業に対して不適切な設置による災害（墜落・転落、転倒）が発生する	2	3	5	④	・正しい使い方ができるよう設置する	職長 作業員
	作業手順	**6．足場板を固定する**							
		①足場板に損傷はないか ②固定方法は適切か ③足場板の掛かり台が適正か ④端部が張り出しとなっていないか	・作業に対して不適切な設置による災害（墜落・転落、転倒）が発生する	3	3	6	⑤	・足場板の固定を規定どおり確実に行う	作業員

【脚立足場の構成例（高さ2.0m未満）】
1．標準足場板は3点支持とし、両端を脚立に固定する
2．標準足場板を2枚重ねで使用する場合は、2点支持以上でも可とし、両端を脚立に固定する
3．突出部上での作業は禁止する

作業区分		急所	危険性又は有害性	可能性	重大性	評価	優先度	危険性又は有害性の除去・低減対策	実施者
本作業	作業手順	**1．脚立足場上で作業を行う**							
		①設置方法が適正か ②開き止めはとまっているか ③３点支持で昇降しているか ④荷を持って昇降していないか ⑤無理な姿勢で作業していないか ⑥足場板の突出部で作業していないか ⑦積載荷重を超えていないか	・作業に対し不適切な使用による災害（墜落・転落、転倒）が発生する	3	3	6	⑤	・脚立足場上では無理な姿勢で作業しない	作業員
後始末	作業手順	**1．片付け**							
		①各部の損傷・不具合の点検 ②所定の場所か	・挟まれる	2	1	3	②	・整然と整理して保管する	職長 作業員
	作業手順	**2．終了報告をする**							
		①片付け、整理整頓を確認し ②元請職員に							職長

足場板の突出部に乗らない

－ 92 －

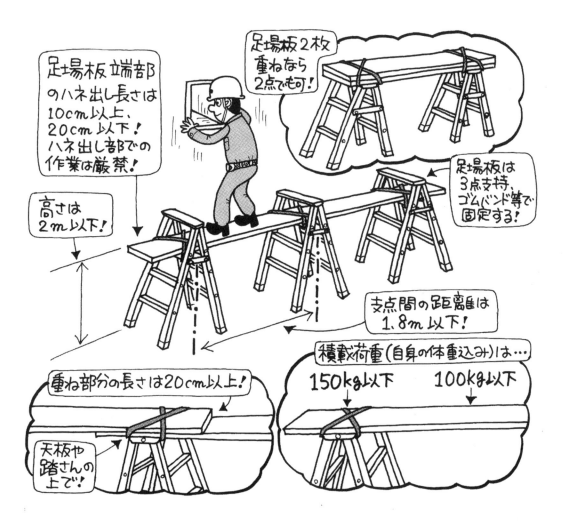

【脚立足場】

17. 可搬式作業台作業作業手順書

作 業 名	可搬式作業台作業	作 業 人 員	2名
作 業 内 容	可搬式作業台を正しく安全に使うための手順	保 護 具	ヘルメット、安全靴、手袋
作 業 機 械	工種に応じた機械	工具・道具	可搬式作業台、工種に応じた工具
使 用 材 料	作業に応じて	資 格 等	足場組立等業務の特別教育

作業区分		急所	危険性又は有害性	可能性	重大性	評価	優先度	危険性又は有害性の除去・低減対策	実施者
	作業手順	**1．作業前のミーティング等**							
準備作業		①新規入場者のチェックをする		2	2	4	③	・1台に1人しか乗らない（可搬式作業台は最大積載荷重150kg）	職長作業員
		②当日の各自の健康状態をチェックする							
		③作業の分担を決め、方法、手順を全員で確認する〇何人が足場に乗り作業するか	・2人で1つの作業台に乗ると揺れてバランスを崩し転落する						
		〇重量物を扱う作業はあるか	・バランスを崩し転落する	2	2	4	③	・他の人が支える・より安定した足場を使う	職長作業員
		〇水平力を伴う作業はあるか	・作業台ごと転倒する・すっぽ抜けて転落する	2	2	4	③	・長手方向に水平力がかかるようにする・作業台を組み合せて使う・オプション品のアウトリガーを使う	職長作業員
		〇広い面積を作業するか	・身を乗り出して転落する	2	2	4	③	・作業床の広い可搬式作業台に入れ替える	職長作業員
		〇作業員の適正配置を行う	・作業台上ではバランスを崩し転落する（特に上向き作業）	2	2	4	③	・年齢・既往症・健康状態などから、高所作業の適性者でないと判断された者がいたら可搬式作業台の上での作業はさせない	職長
		④ＫＹの実施	・ＫＹ未実施による不安全行動災害が発生する	2	2	4	③	・作業内容に合致したＫＹ活動を確実に実施する	職長作業員
	作業手順	**2．作業足場の選択**							
		①作業床の高さは適正か	・背伸びをして作業してバランスを崩し転落する	2	2	4	③	・最適な高さのものを選択する・伸縮脚の長さを調節する	職長作業員
			・作業床の上に踏み台などを置きそれに昇り転落する	2	3	5	④	・最適な高さのものを選択する・踏み台などを置かない	職長作業員
		②作業床の長さ・広さは十分か	・作業床上を歩きながら作業し転落する・可搬式作業台ごと横転する	2	2	4	③	・作業床の広いタイプを使用する・作業床端部に感知装置の付いたものを使用する	職長作業員

－ 94 －

作業区分	急所	危険性又は有害性	可能性	重大性	評価	優先度	危険性又は有害性の除去・低減対策	実施者
準備作業	③部屋の入隅部での作業はあるか	・ 身を乗り出し転落する	3	2	5	④	・ オプション品のコーナーステージの活用 ・ セーフティベース等を使用	職長 作業員
	④補助手摺は設置するか	・ 補助手摺に体を預け水平力のかかる作業を行い作業台ごと転落する	2	2	4	③	・ 補助手摺の使い方を間違う恐れがある場合には手摺は取り付けない ・ 補助手摺に寄りかからない ・ 補助手摺には安全帯は掛けない	職長 作業員
		●天板高さ 1500mm 以上は、補助手摺または感知バーの設置が望ましい						
		・ 手摺によじ昇り転落する	2	3	5	④	・ 横桟のタイプは避ける ・ 手摺を付けない ・ 手摺にはよじ昇らないよう教育	職長 作業員
	⑤選んだ可搬式作業台は作業場所に入るか	・ 無理に入れて狭いところで指等を挟む	2	1	3	②	・ 狭いところでは、別の簡易作業台などを使う	職長 作業員
作業手順	**3. 設置場所の周囲の点検**							
	①周囲の通行や作業を妨げていないか	・ 通路で作業すると通行者が被災する ・ 他の作業の近くで作業するともらい災害が発生する	1	2	3	②	・ 通路を確保する ・ 作業区画を行う	作業員
	②周囲に資機材が散乱していないか	・ 転落した時に資機材にぶつかりケガをする（飛び降りたとき）	2	2	4	③	・ 周囲の整理整頓を行う	作業員
	③床端部ではないか	・ バランスを崩し下の階まで墜落する	2	3	5	④	・ 床端部では可搬式作業台の作業はさせない ・ 垂直ネットや開口部養生を行う ・ 開口部を覆う足場を組み、その上で作業する	作業員

補助手摺

感知バー

— 95 —

作業区分		急所	危険性又は有害性	可能性	重大性	評価	優先度	危険性又は有害性の除去・低減対策	実施者
準備作業		④スロープ上ではないか、段差はないか	・作業床を水平にして設置しないと、揺れが大きくなり転落する	2	2	4	③	・階段では、階段用の作業台を使う ・作業床は水平にする（伸縮脚などで調整）	作業員
			・可搬式作業台の脚が段差から落ちて、可搬式作業台が傾き転落する	2	2	4	③	・脚の落ちる恐れのある段差のそばには設置しない 【不安全な場所で使用しない】	作業員
	作業手順	4．盛り替えの検討							
		①乗ってからの作業姿勢をよく考えて設置場所を決める	・身を乗り出し転落する	2	2	4	③	・どこまで作業したら盛り替えるか、昇る前に考え、作業台の設置位置を決める ・盛り替えはおっくうにならないよう、周囲を片付けて、物のないようにする ・盛り替えが少なくなるように設置する ・設置した場所での作業が終わったら、一旦、降りて、作業台を移動させる	作業員
	作業手順	5．複数台使うときの並べ方の検討							
		①並べて使うときには、乗り移らない	・乗り移ったときにバランスを崩し転落する	2	2	4	③	・乗り移りはしない ・可搬式作業台を専用のオプション品と組み合せて使用する	作業員

作業区分		急所	危険性又は有害性	可能性	重大性	評価	優先度	危険性又は有害性の除去・低減対策	実施者
準備作業	作業手順	**6．組立・点検**							
		①ステイ（開き止め）、手がかり棒の設置	・正しく組み立てないと、乗ったときに揺れが大きく転落しやすい	3	2	5	④	・ステイを固定し、作業床は水平になるよう伸縮脚を調整し手がかり棒を立てる	作業員
		【必ず使用前点検をしよう】 各部を確認しよう ・ねじの緩み ・部品の外れ ・部材の曲がり・割れ 天板 主脚のストッパーを確実にロック 手掛かり棒を確実にロック 手掛かり棒　主脚 ●天板高さ700mm以上は、手掛かり棒の設置が望ましい							
	作業手順	**7．設置場所の決定**							
		①床に穴はないか	・作業台の脚がずれ落ち、作業台が倒れ転落する	2	2	4	③	・床面の事前確認 ・床スリーブの開口塞ぎは強度のあるもの（強度のない作業台・軽い作業台ほど、よく動く）にする	作業員
	作業手順	**8．作業台に昇る**							
		①手に物を持たない	・バランスを崩し踏み外し転落する	2	2	4	③	・手に持っているもの、上で使うものは、作業床の上に載せてから昇る	作業員
		【前向きで昇る】 手に物を持たない							

作業区分		急所	危険性又は有害性	可能性	重大性	評価	優先度	危険性又は有害性の除去・低減対策	実施者
本作業	作業手順	**1．可搬式作業台上で作業を行う**							
		①設置方法が適切か ②無理な姿勢での作業や、無理に押したり引いたりしていないか ③踏み桟の上で作業をしていないか **【不安定な姿勢で作業しない】**	・作業に対し不適切な使用による災害（墜落・転落）が発生する	3	3	6	⑤	・可搬式作業台では無理な姿勢で作業しない	作業員
後始末	作業手順	**1．手に持っているものを作業床の上に置く**							
		①手には何も持たない	・手に物を持ったまま降りて、踏み外して転落する	3	2	5	④	・手に持っているものを作業床の上に置く	作業員
	作業手順	**2．ステップを使い降りる**							
		①可搬式作業台に背を向けて降りない **【背を向けて降りない】**	・ステップから足を滑らせて転落する	3	2	5	④	・手がかり棒を持ち、可搬式作業台に向って降りる	作業員

作業区分		急所	危険性又は有害性	可能性	重大性	評価	優先度	危険性又は有害性の除去・低減対策	実施者
	作業手順	**3．作業台を移動する**							
		①引きずると作業台にガタがきて、揺れがひどくなる	・ バランスを崩して転落する	1	2	3	②	・ 可搬式作業台を引きずらない	作業員
	作業手順	**4．作業台をたたむ**							
後		①ひっくり返すときには、ゆっくりと行う	・ 押し倒すと足や指を挟む。または、可搬式作業台が壊れ次回使用時に転落などする	1	2	3	②	・ 作業床を持ってゆっくりと横にし、脚をもってゆっくりとひっくり返してから、たたむ	作業員
始		②たたむ作業は慎重にゆっくり行う	・ あわててたたむと、指を挟む	1	2	3	②	・ ゆっくりとたたむ	作業員
末	作業手順	**5．置場へ返す**							
		①立て掛けない	・ 立て掛けると倒れたときに挟まれる	1	1	2	①	・ 寝かせて平積みにする ・ 立て置きにしない	作業員
	作業手順	**6．終了報告をする**							
		①片付け、整理整頓を確認し ②元請職員に							職長

18. 垂直昇降式高所作業車作業作業手順書

作 業 名	垂直昇降式高所作業車作業	作 業 人 員	2名
作 業 内 容	垂直昇降式高所作業車を使用してダクトの取付けを行う	保 護 具	ヘルメット・安全帯・安全靴
作 業 機 械	垂直昇降式高所作業車	工具・道具	電動ドライバー
使 用 材 料	空調ダクト	資 格 等	高所作業車（特別教育）

作業区分		急所	危険性又は有害性	可能性	重大性	評価	優先度	危険性又は有害性の除去・低減対策	実施者
準備作業	作業手順	**1．有資格者の配置**							
		①運転資格を確認する	・無資格者が操作してバランスを崩して転倒する	1	3	4	③	・作業前に資格証を確認し、配置する	職長
	作業手順	**2．作業場所・移動経路の確認**							
		①架空線等の確認をする ②地這い配線の確認をする	・移動時照度不足により架空線と接触する ・地這い配線に気が付かず接触する	1	3	4	③	・作業に十分な照度を確保する	運転者
	作業手順	**3．機械の点検**							
		①作業開始前点検の実施	・作業床上昇時モータートラブルでモーターが停止し、作業床が下降しなくなる	2	2	4	③	・作業開始前点検を確実に実施する	運転者
	作業手順	**4．移動**							
		①移動経路の凸凹確認と段差養生を行う	・移動時段差でバランスを崩し転倒する	2	3	5	④	・段差のない経路を計画し、作業員に周知する	運転者
本作業	作業手順	**1．機械の据付**							
		①段差の確認と養生を行う	・機械据付場所の段差で作業床を上昇した時バランスを崩して転倒する	1	3	4	③	・作業場所に段差がある場合は事前に段差を解消する。または段差を避ける	運転者 作業員

作業区分	急所	危険性又は有害性	可能性	重大性	評価	優先度	危険性又は有害性の除去・低減対策	実施者
作業手順	**2．作業床を上昇させる**							
本作業	①安全帯を使用する	・作業床上昇時、バランスを崩し、墜落する	1	3	4	③	・安全帯の確実な使用を徹底する	運転者作業員
	②梁・天井・架空線等の確認をする	・上昇時梁と手摺の間に頭部を挟む	3	2	5	④	・作業床上昇時は上部を確認しながら上昇する	運転者作業員

作業区分		急所	危険性又は有害性	可能性	重大性	評価	優先度	危険性又は有害性の除去・低減対策	実施者
本作業	作業手順	**3．ダクトの取付けを行う**							
		①身を乗り出さない	・ダクト取付け時身を乗り出してバランスを崩し墜落する	2	3	5	④	・身を乗り出して作業しない ・高所作業車を適正な位置に移動する ・安全帯の確実な使用を徹底する	運転者 作業員
		②材料を吊上げない	・高所作業車を使って荷を吊り上げる途中に荷がほどけ落下する	1	3	4	③	・用途外使用の禁止	運転者 作業員
		③相番者（作業員）と声を掛け合い材料を取扱う	・相番者とタイミングが合わず材料を落下させる	1	3	4	③	・声を掛け合って作業する	運転者 作業員
		④作業床を上昇させた状態で移動しない	・ダクト取付け作業中、作業床を上昇させたまま移動し段差で転倒する	3	3	6	⑤	・移動が必要な場合は一旦作業床を降下させてから移動する。又は垂直式からブーム式に機械を交換する	運転者 作業員
後始末	作業手順	**1．作業を終了する**							
		①作業床を格納する	・作業床下降時地上作業員と接触する	1	3	4	③	・作業床下降時は、下部を確認しながら下降させる	運転者 作業員
	作業手順	**2．移動**							
		①前後方向の確認をする	・作業床が躯体に接触し、損傷させる	2	1	3	②	・周囲を確認しながら移動する	運転者 作業員

吊り荷が
ほどけ
落下！

－ 102 －

こんな災害にも注意を！

絡んだキャブタイヤを引っ張り、他の高所作業車が転倒

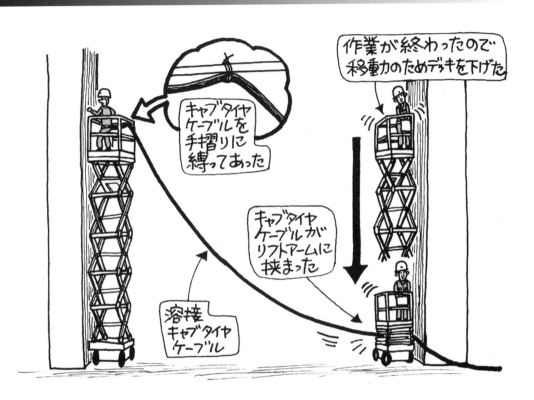

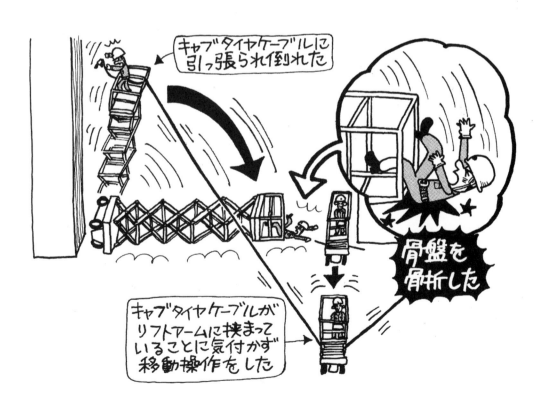

19. ブーム式高所作業車作業作業手順書

作 業 名	ブーム式高所作業車作業	作業人員	3名
作 業 内 容	トンネルの風管を延長する	保 護 具	ヘルメット・安全帯・防じんマスク・安全靴
作 業 機 械	ブーム式高所作業車	工具・道具	チェーンブロック
使 用 材 料	風管	資 格 等	高所作業車（技能講習、特別教育）

作業区分		急所	危険性又は有害性	可能性	重大性	評価	優先度	危険性又は有害性の除去・低減対策	実施者
準備作業	作業手順	**1．有資格者の配置**							
		①運転資格を確認する	・ 無資格者が操作してバランスを崩して転倒する	3	3	6	⑤	・ 作業前に資格証を確認し、配置する	職長
	作業手順	**2．作業場所の確認**							
		①動力線等の確認する	・ 動力線と接触し感電する	1	3	4	③	・ 作業開始前に作業場所の確認を行う ・ 動力線の防護、養生を行う	職長
	作業手順	**3．機械の点検**							
		①作業開始前点検を実施する	・ 作業床上昇時エンジントラブルでエンジンが停止し、バスケットが下降しなくなる	2	1	3	②	・ 作業開始前点検を確実に実施する	運転者
	作業手順	**4．移動**							
		①前後方向を確認する	・ バスケットが接触し、電線を切断する	2	1	3	②	・ 運転席からはみ出ているバスケットに注意して運転する	運転者

作業区分		急所	危険性又は有害性	可能性	重大性	評価	優先度	危険性又は有害性の除去・低減対策	実施者
	作業手順	**1．機械の据付け**							
		①アウトリガーを完全張り出しする	・アウトリガーを完全に張り出していなかったため、バスケット上昇時転倒する	2	3	5	④	・機械据付時アウトリガーを完全張り出しする	運転者
		②敷板を設置する	・アウトリガーが地盤に沈み込み高所作業車が転倒する	2	3	5	④	・敷板の確実な使用	運転者
	作業手順	**2．作業床の上昇**							
本作業		①安全帯を使用する	・安全帯未使用によりバランスを崩して墜落する	1	3	4	③	・安全帯を確実に使用する	運転者作業員
		②動力線を確認する	・動力線と接触し感電する	1	3	4	③	・作業床上昇時周囲を確認して上昇させる ・監視員を配置する	運転者

【送配電線からの安全離隔距離】

電路	送電電圧（V）	最小離隔距離（m）		碍子の個数
		電力会社の目標値	労働基準局長通達*	
配電線	100・200	2.0 以上	1.0 以上 **	－
	6,600 以下	2.0 〃	1.2 〃 **	－
送電線	22,000 〃	3.0 〃	2.0 〃	2〜4
	66,000 〃	4.0 〃	2.2 〃	5〜9
	154,000 〃	5.0 〃	4.0 〃	7〜21
	275,000 〃	7.0 〃	6.4 〃	16〜30
	500,000 〃	11.0 〃	10.8 〃	20〜41

* 昭和50年12月17日基発第759号
** 絶縁防護された場合にはこの限りではない。

作業区分	急所	危険性又は有害性	可能性	重大性	評価	優先度	危険性又は有害性の除去・低減対策	実施者
作業手順	**3．作業床上での作業**							

本作業	①安全帯を使用する	・ 身を乗り出して作業し、墜落する	2	3	5	④	・ 安全帯を確実に使用する	運転者 作業員
	②電線を確認する	・ バスケット移動時電線と接触し、動力線を切断する	3	1	4	③	・ バスケット移動時周囲を確認する	運転者
	③相番者（作業員）と声を掛け合い材料を取扱う	・ 風管取付け時、誤って風管が落下し、下で相番していた作業員に激突する	2	3	5	④	・ バスケット上の相番者と声を掛け合って作業する	運転者 作業員
	④材料を吊上げない	・ 高所作業車を使って荷を吊り上げる途中に荷がほどけ落下する	1	3	4	③	・ 用途外使用の禁止	運転者 作業員

作業区分		急所	危険性又は有害性	可能性	重大性	評価	優先度	危険性又は有害性の除去・低減対策	実施者
本作業		⑤作業床に風管を載せすぎない	・材料（風管）を載せすぎ、転倒する	1	3	4	③	・積載重量以上の材料（風管）を載せない	運転者作業員
後始末	作業手順	**1．作業床の下降**							
		①動力線を確認する	・バスケット下降時動力線と接触し、動力線を切断する	3	1	4	③	・バスケット下降時周囲を確認する	運転者
		②下方を確認する	・バスケット降下時、地上作業員がバスケットに挟まれる	2	3	5	④	・バスケット下降時は周囲を確認する	
	作業手順	**2．移動**							
		①前後方向を確認する	・バスケットが土平に接触し、電線を切断する	2	1	3	②	・運転席からはみ出ているバスケットに注意して運転する	運転者

20. アーク溶接作業作業手順書

作 業 名	アーク溶接作業	作業人員	3名
作業内容	連壁土止め鋼製本杭に鋼製矢板をアーク溶接する	保 護 具	ヘルメット・安全帯・革手袋・保護メガネ・防じんマスク・安全靴
作業機械	交流アーク溶接機、移動式クレーン	工具・道具	ラチェット
使用材料	鋼製矢板	資 格 等	アーク溶接作業特別教育、移動式クレーン運転士

作業区分		急所	危険性又は有害性	可能性	重大性	評価	優先度	危険性又は有害性の除去・低減対策	実施者
	作業手順	1．有資格者の配置							
		①アーク溶接作業特別教育修了証を確認する	・ 無資格者が作業を行い感電する	3	3	6	⑤	・ 作業前に特別教育修了証の確認を行う	職長
	作業手順	2．機械工具の確認							
準備作業		①溶接ホルダを確認する	・ 溶接ホルダ絶縁用被覆が損傷し、作業員が感電する	2	3	5	④	・ 溶接ホルダ絶縁用被覆の確認を行う	資格者
		②１次側ケーブルを確認する	・ １次側ケーブルが損傷しており、作業員が感電する	2	3	5	④	・ １次側ケーブルの損傷を確認する	資格者
		③２次側ケーブルを確認する	・ ２次側ケーブルが損傷しており、作業員が感電する	2	3	5	④	・ ２次側ケーブルの損傷を確認する	資格者
		④自動電撃防止装置を点検する	・ 自動電撃防止装置が作動せず、作業員が感電する	2	3	5	④	・ 作業前に自動電撃防止装置の作動状態を点検する	資格者
		⑤分電盤を点検する	・ 漏電遮断器が作動せず、作業員が感電する	2	3	5	④	・ 作業前に漏電遮断器の作動状態を点検する	資格者
		⑥コネクターを確認する	・ ２次側ケーブルのコネクターが損傷し、作業員が感電する	2	3	5	④	・ 使用前にコネクター部分の点検を行う	資格者

〈分電盤〉　分岐スイッチ

ELB

作業者は保護具を使用

使用前テストボタンによる動作確認〈安衛則352条〉

絶縁被覆の損傷の有無〈安衛則336条〉
2種以上の3芯キャブタイヤケーブル

D種アース

アースの使用〈安衛則333条〉

消火器

規格に適合するホルダー〈安衛則331条〉

テストボタンによる動作確認〈安衛則352条〉

自動電撃防止装置の使用〈安衛則332条〉

(溶接棒ホルダー)

絶縁被覆損傷の有無〈安衛則336条〉

接続部の絶縁覆い〈安衛則329条〉

(アースクランプ)

ケーブルの締付

アースクランプの損傷

接続箇所の損傷の有無〈安衛則336条〉

端子の締付、端子カバーテープ巻(入力、出力共)

作業区分		急所	危険性又は有害性	可能性	重大性	評価	優先度	危険性又は有害性の除去・低減対策	実施者
準備作業	作業手順	**3．作業者の確認**							
		①保護具を確認する 【保護メガネ／一眼式】 【保護メガネ／二眼式】 (a)ハンドシールド形　(b)ヘルメット形 【取替え式防じんマスク】 【使い捨て式防じんマスク】	・軍手で作業し、作業員が感電する	1	3	4	③	・革手袋を使用する	職長 資格者 作業員
			・保護メガネ未着用による、失明	1	2	3	②	・保護メガネを着用する	
			・防じんマスク未着用による疾病	2	2	4	③	・防じんマスクを着用する	
		②作業着・体表面を確認する	・発汗により、電気抵抗が減少し、感電する	3	3	6	⑤	・発汗状態を確認し、発汗している場合は、汗を拭きとる	職長 資格者 作業員
	作業手順	**4．作業区域の状況確認**							
		①立入禁止を表示する	・作業区域に他の作業員が立入り、火花で火傷する	2	2	4	③	・バリケード等で立入禁止措置をする	職長 作業員 作業員
		②火花飛散養生を行う	・溶接火花が作業区域の可燃物に引火し、火災を引き起こす	3	2	5	④	・火花飛散養生を施す ・消火器・消火バケツを配備する	
	作業手順	**5．1次側ケーブルの取付け**							
		①キャプタイヤケーブルを確認する	・キャプタイヤケーブルの損傷部と接触し、作業員が感電する	2	3	5	④	・使用前にキャプタイヤケーブルの状態を確認する	資格者
			・不適切なキャプタイヤケーブルを使用し、キャプタイヤケーブルが焼損する	1	2	3	②	・使用するキャプタイヤケーブルは2種、3芯とする	資格者
		②外箱アースを確認する	・溶接機外箱に接触し、作業員が感電する	2	3	5	④	・アース設置の確認をする	資格者

作業区分		急所	危険性又は有害性	可能性	重大性	評価	優先度	危険性又は有害性の除去・低減対策	実施者
準備作業	**作業手順**	**6．2次側ケーブルの取付け**							
		①キャプタイヤケーブルを確認する	・不適切なキャプタイヤケーブルを使用し、キャプタイヤケーブルが焼損する	2	3	5	④	・使用前にキャプタイヤケーブルの状態を確認する	資格者
		②アース帰線を確認する	・アーク帰線が溶接作業を行う場所から離れているので電流が迷走し、他の作業員が感電する	2	3	5	④	・アーク帰線の接続は、溶接箇所近くにする	
本作業	**作業手順**	**1．本溶接（1層目）**							
		①溶接棒をホルダから脱着する	・溶接棒をホルダから脱着する際、身体が触れ感電する	2	3	5	④	・溶接棒をホルダから外す際は、帯電部を直接触らない	資格者
		②保護具を確認する	・溶接火花が飛びはね火傷する	2	2	4	③	・皮膚を露出しない。また必要に応じて前掛け、足カバー、腕カバーを使用する	資格者
		③材料の取扱いに注意する	・母材を素手で支持し、感電する	2	3	5	④	・革手袋を使用する	作業員
			・相番者との合図が合わず、鋼製矢板が落下し足を負傷する	2	2	4	③	・声を掛け合い作業を行う	
	作業手順	**2．溶接スラグ落とし**							
		①保護具を確認する	・スラグが目に入って、水晶体を傷つける	2	1	3	②	・保護メガネを使用する	職長作業員
	作業手順	**3．本溶接（2層目）**							
		①溶接棒をホルダから脱着する	・溶接棒をホルダから脱着する際、身体が触れ感電する	2	3	5	④	・溶接棒をホルダから外す際は、帯電部を直接触らない	資格者
		②保護具を確認する	・溶接火花が飛びはね火傷する	2	2	4	③	・皮膚を露出しない。また必要に応じて前掛け、足カバー、腕カバーを使用する	職長資格者作業員
		③材料の取扱いに注意する	・母材を素手で支持し、感電する	2	3	5	④	・革手袋を使用する	作業員
			・相番者との合図が合わず、鋼製矢板が落下し足を負傷する	2	2	4	③	・声を掛け合い作業を行う	

作業区分	急所	危険性又は有害性	可能性	重大性	評価	優先度	危険性又は有害性の除去・低減対策	実施者
後始末	作業手順 1．残材の片づけ							
	①足元を確認する	・残材につまずき転倒する	1	1	2	①	・足元を確認する	作業員
	作業手順 2．機械・工具の片づけ							
	①電源を確認する	・電源が入った状態で誤って帯電部を触り、感電する	1	3	4	③	・電源OFFにしてから片づけを始める	資格者
	②足元を確認する	・キャプタイヤケーブルにつまずき転倒する	1	1	2	①	・足元を確認する	作業員

こんな災害にも注意を！

溶接火花が下階のダンボールに引火して火災発生

建設労務安全研究会

教育委員会　作業手順作成部会　会員名簿

委 員 長	鳴重　裕	東亜建設工業㈱
部 会 長	遠藤　孝治	五洋建設㈱
部会委員	松屋　英夫	三井住友建設㈱
〃	高橋　慎	㈱淺沼組
〃	黒嶋　昭伸	鉄建建設㈱
〃	根岸　徹	東急建設㈱
〃	黒井　鉄弥	西松建設㈱
〃	小倉　健治	㈱フジタ
〃	平川　知伸	前田建設工業㈱
〃	寺田　光宏	りんかい日産建設㈱

リスクアセスメントを取り込んだ作業手順書

2018 年　7 月 30 日　初版
2023 年　1 月 12 日　初版 4 刷

編　　　者　　建設労務安全研究会

発 行 所　　株式会社労働新聞社
　　　　　　〒 173-0022　東京都板橋区仲町 29-9
　　　　　　TEL：03-5926-6888（出版）　03-3956-3151（代表）
　　　　　　FAX：03-5926-3180（出版）　03-3956-1611（代表）
　　　　　　https://www.rodo.co.jp　　　　　　pub@rodo.co.jp
表　　　紙　　尾﨑 篤史
印　　　刷　　株式会社ビーワイエス

ISBN 978-4-89761-718-3

落丁・乱丁はお取替えいたします。
本書の一部あるいは全部について著作者から文書による承諾を得ずに無断で転載・複写・複製することは、著作権法上での例外を除き禁じられています。